こまった、教えて

農産加工便利帳 1

小清水正美

こうじ、味噌、納豆、テンペ、甘酒

農文協

失敗してしまったこうじ

（写真提供：山下秀行）

左は正常な米こうじ。右は表面に薄い菌糸のみがあり蒸米の中まで白く破精込んでいない

表面に均一にこうじ菌が広がっていない破精落ちこうじ

麦こうじ
浸漬時の吸水過多で水分が多すぎるぬり破精

吸水過多で団子状になった米こうじ

浸漬水から汚染が広がって赤くなった米こうじ

汚染こうじで仕込んだ結果、甘酒が赤くなっている

製麹（こうじづくり）

蒸し（蒸きょう）
こうじづくりは『一に蒸し』といわれるほど蒸米の仕上がりがこうじの質に影響する。セイロを使い、強い蒸気で一気に蒸し上げる（長崎県・吾妻農産加工所）

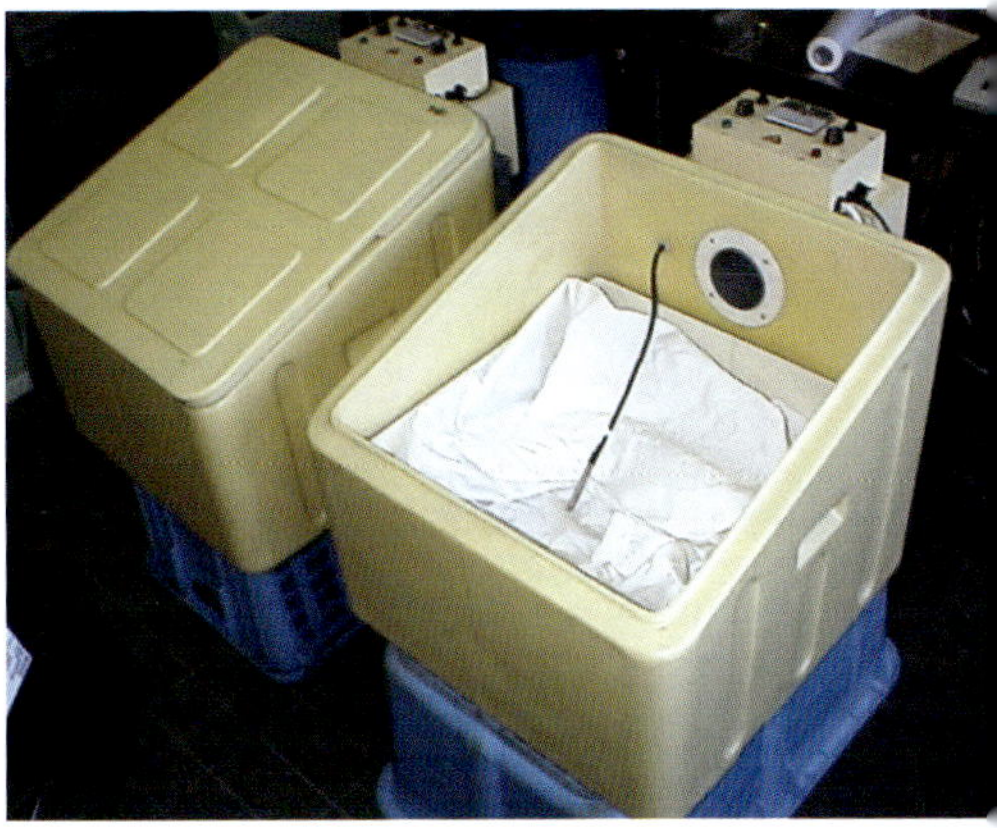

小型自動製麹機
米 15kgでもこうじづくりができるもの（ヤヱガキ製　ミニ 15）。穴の先にファンがあり、底面から空気を引き込み温度管理するようになっている

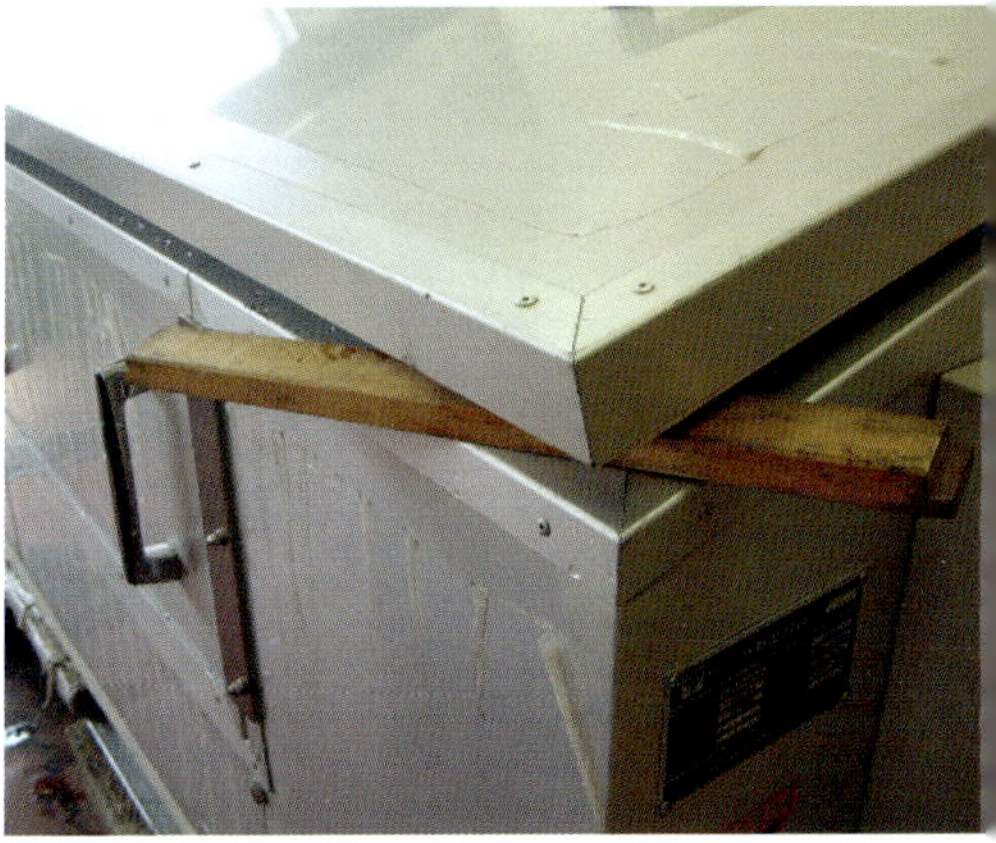

温度湿度管理が肝心
この加工所では、発酵機を使いこなす経験の中で、『つっかえ棒』を使って製麹器内の温・湿度を管理している（兵庫県・朝来農産加工所）

出麹
引き込み後 42 ～ 45 時間ほどで出麹（こうじの完成）となる

納豆

経木、カップなどの容器に入った納豆と原料のダイズ

吸水で 2.6 倍に膨らんだダイズ

納豆発酵機に入れる前に、納豆のポリスチレンヒンジパックのふたに穴を開けておく。これで水分が抜ける

納豆を入れるわらづと

ブロック状に固まるテンペ

テンペ

テンペサラダ
スティック状のテンペを油でいためると風味がよくなる

テンペ生春巻

甘酒

炊飯器でつくる甘酒
（愛知県・間宮正光）

赤米でつくった本格仕込み甘酒
（岡山県総社市・秋山糀店）

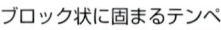

はじめに

伝統に基づく農産加工は、先人の失敗の積み重ねから産まれた、私たちへの珠玉の贈り物です。昔なら一緒に農産加工の作業をしながら、精選された技、加工技術を引き継ぐことができました。しかし、時代の変化により、農産加工の様相が変わり、従来の手作業と簡単な道具による加工方法から高性能機械や制御機器の導入により、人のもつ技が見えなくなってきました。これにより変わったのは原料に求められる要素です。従来であるなら加工技術をもった人が農産物を見て、どのような特性があり、どのような農産加工品にできるかを判断したのです。しかし、高性能機械や制御機器を利用するようになると農産物の特性を見出すことより、機械にかけることができるかどうか、また、目的とする加工品の原料となるか、といった加工適性が重視されます。加工特性の重視から加工適性の重視によって、人のもっていた技術とその判断基準が忘れられてきています。

農産加工が見直されていますが、農産加工は原料となる農産物の特性を把握するとともに地域の気象条件を主な要素とする風土や食生活に根付いていています。農産加工も昔のままではありません。原料となる農産物が変わっていています。また、風土や私たちの食生活も変わっています。先人の会得した技術が上手に利用できれば、今の時代のニーズ、ウォンツにも応えるものが創れると思います。

農産加工は多様な農産物を有効利用する手段だといってしまえばそれまでのことですが、そのままでも形状がよく、おいしいものであっても、よりおいしくする、より栄養的に勝れたものにする、より長く保存・利用できるものにすることができます。でもそれ以上に農産加工の特徴といえるのは、商品としての価値が低いもの、食料としての適性がないものをおいしく、栄養のある食べもの、商品にすることにあります。そして、農産加工の各工程のもつ意味、その必要な理由は一つだけではありません。一つの作業がもつさまざまな意味と影響を理解する必要があるのではないかと思います。この本が農産加工を志す方々の道しるべになれば幸いです。

二〇一一年九月

小清水正美

目次

各パートのQ＆Aの見出しは内容を要約し主なもののみを示しています。

PART 4 テンペ 107

PART 5 甘酒 131

PART 1

こうじ〔麹〕

小型発酵機を利用した味噌用米こうじづくり

【米こうじづくりポイント】

・粘りのない米を使い、砕米・米粉はふるい分けして除く
・米15kgを単位にしてこうじをつくる
・製麹では加温よりも水分除去に気を配る

米こうじづくりの基本

●小型発酵機を使えばそんなに難しくない

こうじづくりに必要なのは、各工程の温度と湿度の制御である。この管理がうまくいけばこうじはできる。昔の農家では、むしろや稲わらを利用して、温度、湿度を管理しながらつくっていた。現在も自家用として、こたつや発泡スチロールの箱、あるいは育苗施設を利用してこうじをつくっている人は少なくない。

私自身、農家の皆さんには、このように手元にある道具を工夫してこうじづくりに挑戦することをおすすめしているが、最近は比較的手軽に利用できる小型の自動発酵機（製麹《せいきく》機）が市販されており、これを活用してこうじづくりを行なう農家の方も増えてきている。そこで本書では、農業改良普及センターや地域の共同加工所などにもしばしば導入されている15kg用の小型の発酵機を使うことを念頭において、こうじづくりの勘どころを述べてみたい。

写真1　育苗施設を利用したこうじづくり

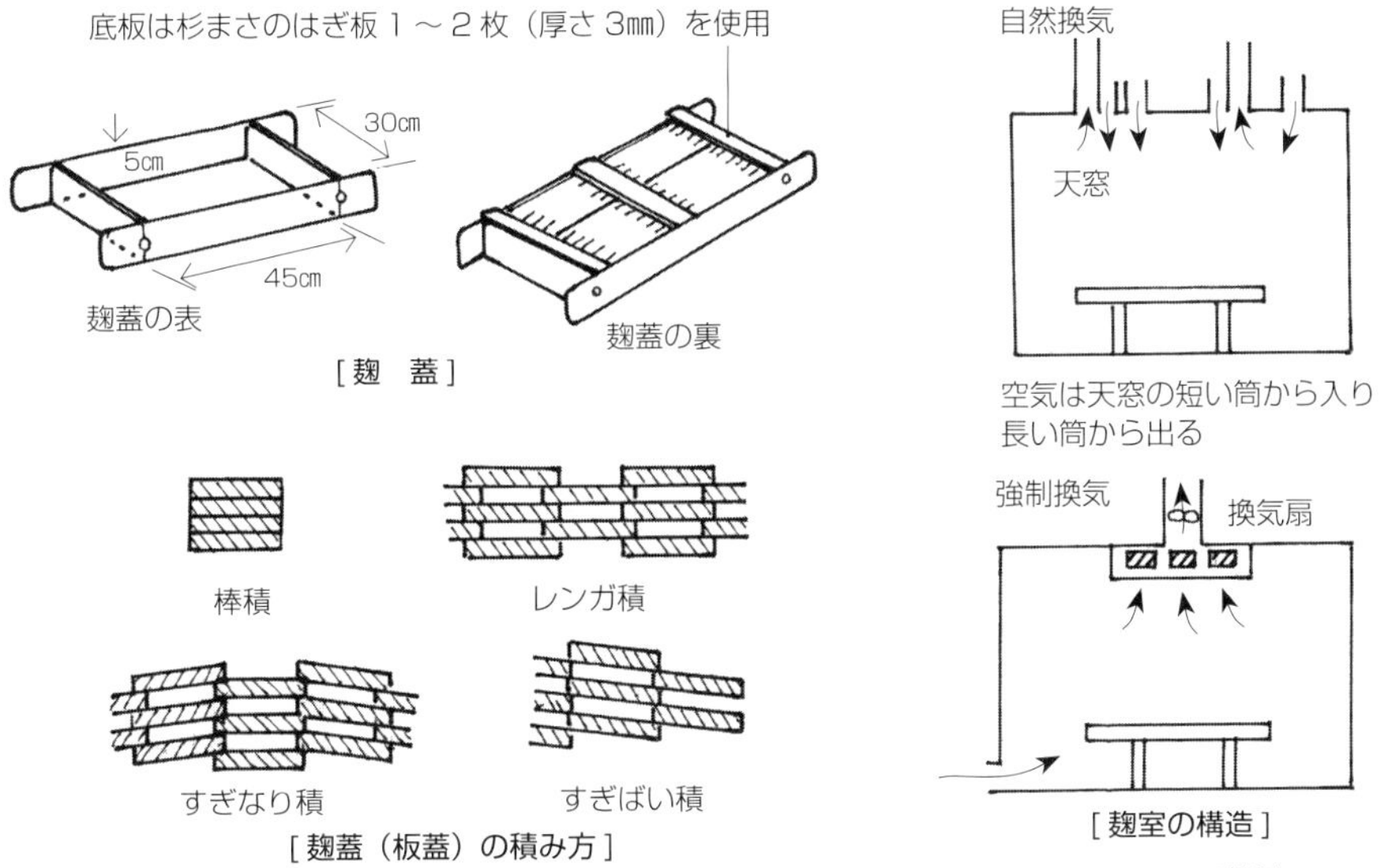

麹蓋法は、薄く堆積したこうじ表面から水分を蒸発させて、熱を奪い温度管理をするので、麹蓋《こうじぶた》という木の箱にこうじを盛り込み、麹室に静置する。麹室の乾湿差の程度や麹蓋の積み重ね方、麹蓋への掛け方などの技術と経験知によってこうじにするもの。

図２　各種の製麹法――麹蓋法《こうじぶたほう》

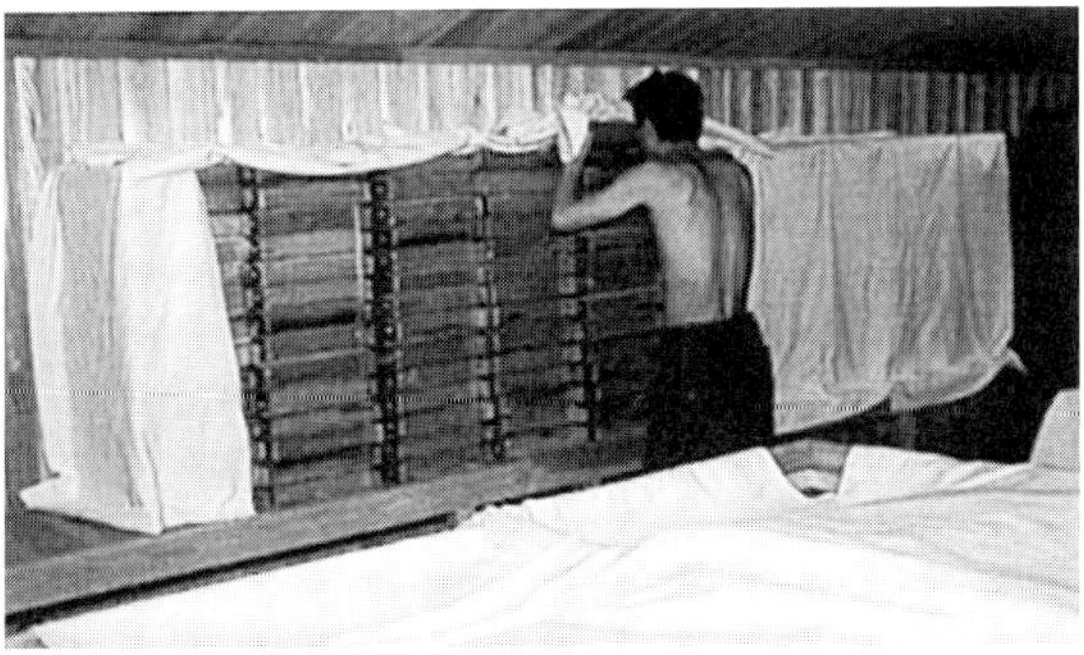

写真２　麹室に麹蓋を並べる

図１　各種の製麹法

蓋麹法●小蓋法
中蓋法
大蓋法

厚層法●簡易法・風調なし
断熱通風型
連続通風型
通風逆送型
回転円盤型
回転ドラム型

●各種の製麹法と発酵機

米こうじは、昔からいろいろな方式でつくられてきた。これまでの製麹法を図1に示す。

図1に紹介した方式は、熟練した技術が求められたり、必要な設備・装置が大型になったりするものが多く、技術が未熟な作業者や小規模経営者にはハードルが高かった。しかし最近は、前述したように、簡易な温度制御装置を組み込み、15～30kg程度の少量のこうじをつくることができる小型の発酵機が製造、販売されている（図3）。このような小型

機械製麹法は、数十㎝に堆積したこうじの発熱を、温度・湿度が調節された空気をこうじ堆積中に吹き込むことによって熱を奪い、こうじの温度管理をするもの。

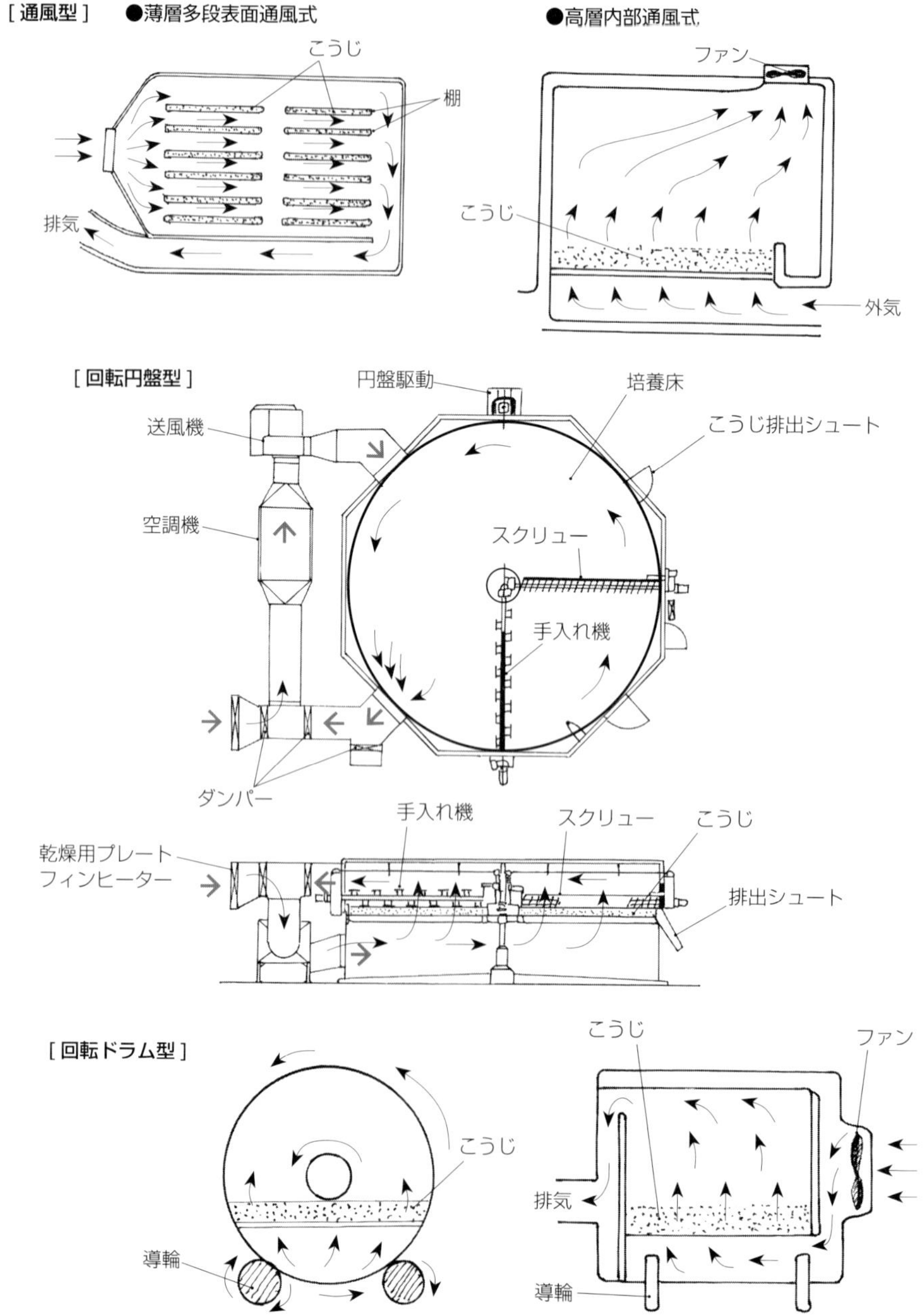

図３　各種の製麹法——厚層式（通風型、回転円盤型、回転ドラム型）

発酵機なら、購入価格や減価償却、メンテナンスなどの問題はあるが、地域の農業グループや個々の農家で購入・運用することも可能である。

●仕込み量の目安

農家レベルで味噌を仕込む場合には60ℓ容器（昔でいうなら四斗樽）を単位とするのが一般的である。原料の仕込み割合は目的とする味噌によって異なるが、近年はダイズと米こうじがほぼ同量で、塩12％という割合の味噌が多くつくられている。

ちなみにダイズ15kg、米15kg（米こうじにすると16kg前後）を原料として味噌を仕込むと、完成する味噌は約55kgとなり、60ℓ容器でつくるのにちょうどよい量となる。そのため原料米15kgが米こうじ製造の一単位となることが多い。

●加湿よりも水分除去が肝心

こうじづくりの最大のポイントは、各工程の温度と湿度の制御である。こうじを増殖させるためにはこうじ菌を付けた蒸し米の温度を30～35℃に保つ必要がある。下がりすぎたときは温め、上がりすぎたら冷まして、温度が基準をはみ出さないようにする。

湿度調節は、加湿については水蒸気を加えることで可能であるが、こうじづくりでは加湿よりも水分除去が重要になることが多い。水分除去は除湿装置を使って強制的に行なう必要はなく、外気との交換程度で可能な調整となる。

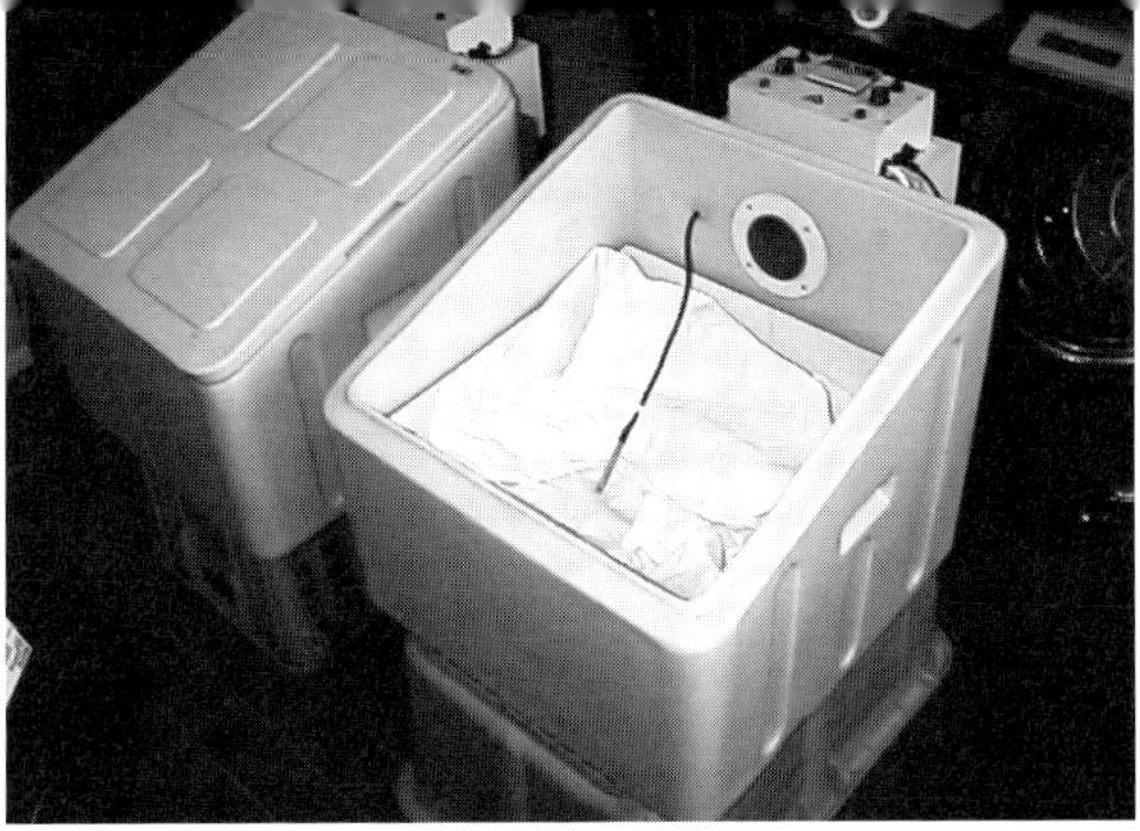

写真３　小型発酵機（ヤエガキ製ミニ 15）

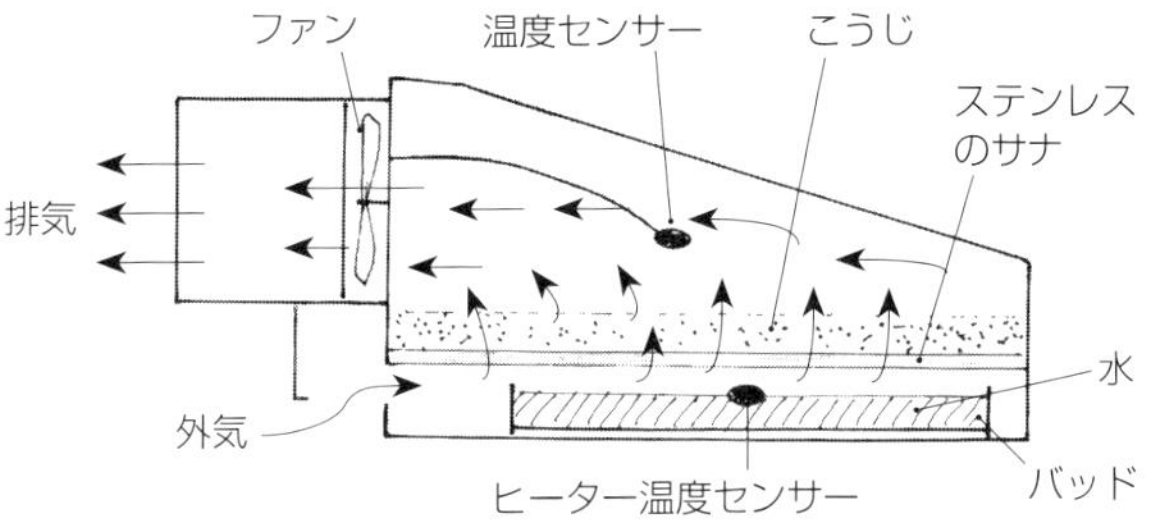

図４　小型の発酵機

米こうじの原料

原料米

●粘りの少ない米が望ましい

どのような米であってもこうじの原料とすることができる。ただし、なるべく粘りの少ない米であることが望ましい。

粘りのある米を蒸し米にすると、米粒同士がくっついてほぐれにくくなる。蒸し米がほぐれず、かたまりが多くできると、こうじ菌の繁殖（まわり）が悪くなる。こうじが十分に繁殖しないと、糖化酵素やタンパク分解酵素が十分に生成されず、こうじに求められる本来の力が発揮できない。また粘りの多い米は水抜けが悪いので、水分の多い、べちゃついたこうじになりやすい。

●くず米や古米も条件付きで利用可能

一方、米粒の大小はあまり問題にならないので、米選時に出るくず米や砕米《さいまい》もこうじの原料として利用できる。また古米や古古米も、虫の発生や異臭のない保存状態のよいものであれば利用可能である。なお、くず米や砕米を使うときは水切りをしっかり行なうことが大切になる。米粒が小さいため、粒と粒の間に水が残り、水分の多い蒸し米になりやすいからである。

くず米を軽く精白したときに出る、小さく砕けた米や米粉は、糊状に溶けて蒸し米がべたつく原因となるので絶対に使ってはならない。これらはふるい分けし、みじん粉や米粉として他の用途に利用する。

図５　米の粘りと品種

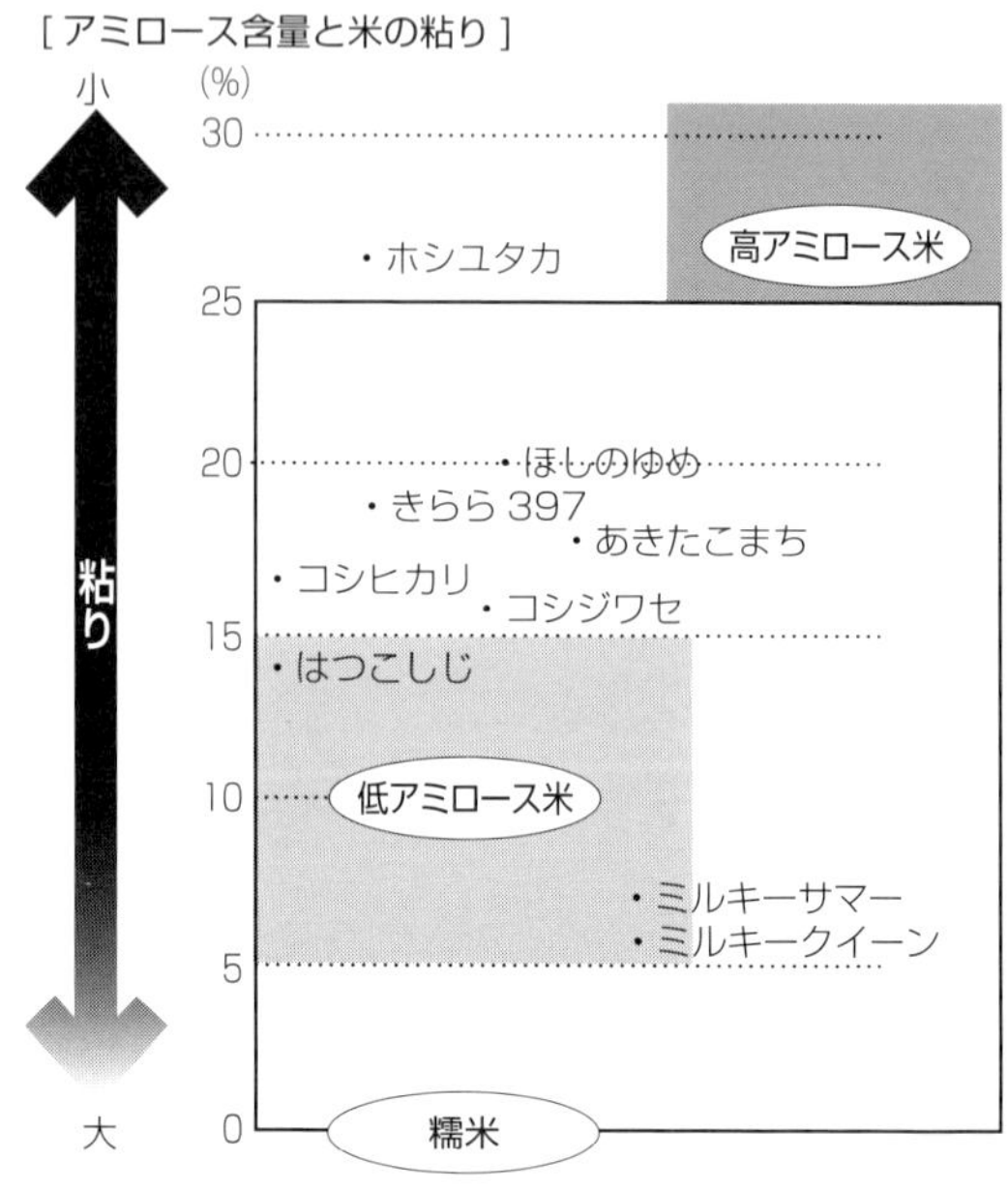

●種こうじ

●特性を知って選択する

種こうじは、米味噌用、麦味噌用、醤油用、甘酒用という具合に、それぞれの用途に合った特性を持つ菌が開発され、販売されている。

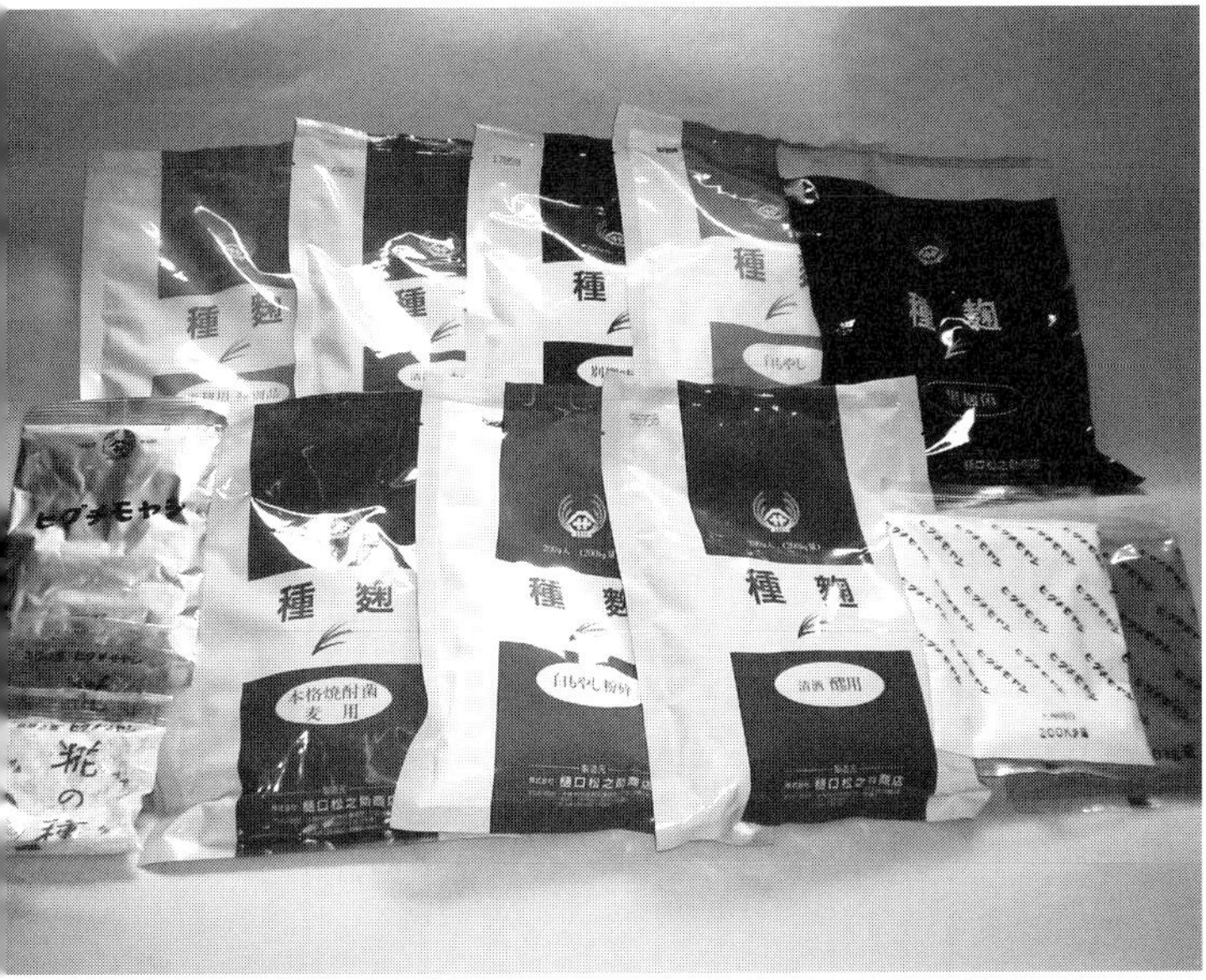

写真４　各種の種こうじ／樋口松之助商店より　（写真・山下秀行）

表１　味噌用種こうじの特性一覧　（丸福日本醸造工業資料より作製）

製品名	形態	特　徴	施用量	総合糖化力	α-アミラーゼ	プロテアーゼ		
						pH3.0	pH6.0	pH7.5
EM-2 号菌	粉	中毛麹だがこうじは締まりにくく、機械製麹に適している。アミラーゼは強く淡色系味噌に最適である	原料米 1000 g に 200 g	492	1,817	128	116	17
MP-01 菌	粉	前急型で、発熱早く、着色度は少ないため、淡色系味噌に最適である	1000 g に 200 g	343	1,212	74	90	15
M-1 菌	粉	長毛菌で、アミラーゼはとくに強盛で、幾分締まり気味になるが、白系味噌に最適	原料米 200kg に 40 g	655	2,038	93	140	25
米味噌菌	粉	中毛、長毛の混合菌で、アミラーゼとプロテアーゼの均整がとれており、赤系味噌に最適	原料米 200kg に 40 g	364	1,018	78	115	12
白百合菌	半粉	白胞子菌で、菌糸が長く、こうじが白くきれいに仕上がり、販売用として最適	原料米 200kg に 200 g	277	926	75	72	12
白菊菌	半粉	白胞子菌で、アミラーゼが強めで、販売麹用として最適	原料米 200kg に 200 g	378	1,47	73	69	6

当然、米味噌には米味噌用の種こうじを使うのが基本になるが、他の種こうじが絶対に使えないというわけではない。ただし種こうじの種類によって性質が異なるので、他の目的に利用する場合は、それぞれの種こうじの特徴、すなわちタンパク質分解酵素やデンプン分解酵素などの活性の強さをよく知ったうえで使うことが大切である。また種こうじの種類によって、こうじの色が変わってくる点にも注意したい。

米こうじづくりの工程

米こうじづくりの工程を図に示す。

工程は、洗米、浸漬、水切り、蒸し、冷却、種付け、引き込み、手入れなどの作業に分けられ、おおむね引き込み（発酵機または麹室に入れること）から40数時間で出麹《でこうじ》（完成）となる。

洗米

●洗米は手早くすます

原料米を手早くよく洗い、ぬかや異物を完全に除去する。洗米機があれば使ってもよいが、ない場合は手で洗うことになる。米をザルに入れ、一回り大きい容器を受けにして上から水を注ぎ、米をかき回すようにしながら手洗いする。水が濁ってきたらザルを引き上げて水を換える。何回か水を換えながら洗い、水が濁らなくなったら完了。

浸漬

●浸漬時間は水温・米の大きさによって変わる

米は組織が緻密であるため、浸漬（水に浸けること）の際は、やや浸けすぎるくらいのほうが、よいこうじができる。吸水の程度は、米粒を指先でつまんで強くひねると砕けるくらいがよい。

浸漬する時間は、米の大きさ、水の温度、環境の温度などによって変わる。水温5～10℃（冬季）で17～24時間、水温10～15℃（春先や秋口）では12～17時間である。

くず米や砕米は米の粒が小さい分、浸漬時間は短くなる。水温10℃くらいの低温条件でも7～8時間程度でよい。

表２　季節・水温と浸漬時間

季節、米の形状 / 水温（℃）	浸漬時間（時間）
冬季 / 水温５～10	17～24
春先・秋口 / 水温10～15	12～17
くず米砕米 / 水温10	7～8

図６　米麹づくりの工程

［原料と仕上がり量］
原料：米（精白米）15kg、種こうじ（味噌こうじ用）15 g、発酵機。出麹で 16 ～ 17kgのこうじになる
仕上がり量：出麹はその時々によって異なり、よくできると 16kgくらいになるが、水分の抜けが悪いと 17 ～ 18kgとなることもある

工程	内容
洗　米	米を水洗いする
浸　漬	水洗いした米を水に浸ける。マニュアルなどには季節によって水浸け時間を変えると記されているが、水温と環境の温度によって水浸け時間を変える
水切り	吸水した米をザルに上げる
蒸　す	米を蒸し器に入れて、芯がなくなるまで蒸す その時々の条件が異なるので、時間管理ではなく、蒸し米の状態で管理する。熱の一番通りにくいところの蒸し米を少し取り、ひねり潰して米内部の状態を確認する
冷　却	蒸し上がった米を蒸し器から取り出し、かたまりをほぐして、35 ～ 40℃に冷やす 蒸し器から出した蒸し米はかたまりとなっているので、そのまま冷えると内部に水分がたまったままとなる。手早くかたまりをほぐして内部の水分を蒸発させながら冷却する
種こうじを接種、混合	種こうじは必要量を加える。種こうじの量が少ないのは初発菌数が少なくなるので、その後のこうじ菌の増殖程度に影響する。極端に多くなければ問題ないが、経済性などを考えると無理に多く使う必要はない
発熱機に取り込む	種付けを終えたら、発酵機に取り込む。小型発酵機では種付けを終え、発酵機に取り込むときの温度に注意が必要 発酵機の温度設定が 36℃であるなら、種付け蒸し米を 36℃以上で取り込むと送風機が作動し、発酵機外の空気を取り込んで蒸し米の冷却を行なう。空気導入により、蒸し米の乾燥が進む。また、この時期は空気の導入は不要であり、取り込み時の蒸し米の温度は 36℃以下でなければならない
発熱機の取扱説明により管理	
切り返し	取り込み後 18 ～ 20 時間。こうじのかたまりをほぐし、全体を攪拌して発酵機にもどす 蒸し米のときは粘りが強いものはほぐすことができなかったが、時間が経過することによって蒸し米表面の粘りがなくなるので、米を一粒一粒にほぐす。蒸し米がかたまりになっていると水分の抜けが悪くなり、空気の供給も少なくなるのでこうじ菌の繁殖に不適当な環境となる
手入れ	切り返し後 5 ～ 6 時間。全体を攪拌、発酵機にもどす
出　麹	取り込み後 42 ～ 44 時間。発酵機より取り出しかたまりをほぐし、温度を下げる

水切り

●米はていねいに扱い、水切りは30分程度

浸漬した米をザルに上げて30分くらい水切りする。そのまま静かに置いておくだけで水は切れてくるが、ザルの底の部分は水が残りやすいので注意すること。ザルに入れる米の量が多いと水切れが悪くなるので、大ザル1個で水切りするよりも、複数のザルに分けて米の厚みを薄くしたほうがよい。

使用するザルは水切り用としてつくられたものなら材質は問わないが、「手付き米揚げザル」として販売されている容量1斗～1斗5升くらいの手付きザルが使いやすいので、これを何個か用意しておくとよいだろう。

水切りした米をあまり乱暴に扱うと、米の表面が削れて新たな米粉ができてしまう。この米粉はこうじをべたつかせるもとになるので、米粉をつくらないように注意する。

蒸し（蒸きょう）

●強い蒸気で蒸すことが大切

水切りした米を、蒸気で蒸す。こうじづくりでは、原料を蒸すことを「蒸きょう」または「蒸し」と呼ぶ。蒸きょうの目的は、米のデンプンを糊化（アルファ化）して分子結合をゆるめると同時に、表面に付着している微生物を殺菌し、こうじを生育しやすくすることにある。

酒蔵や味噌工場では大型の甑《こしき》や連続式蒸米機などを使うが、少量の加工ではセイロ式の蒸し器を使って蒸すのが一般的である。

蒸しに使う蒸気は、なるべく強くすることが重要。ボイラーを使う場合、ボイラーからの一次蒸気をそのまま蒸しに使う方法と、ボイラーの一次蒸気を使って蒸し器の湯を沸かし、この熱湯が出す蒸気（二次蒸気）を利用する方法とがある。しばしば、後者の方法を採用しているにもかかわらず、前者と勘違いしてボイラーの蒸気圧を調整し、結果的に弱い蒸気で蒸してしまうケースが見られるので気を付けたい。大事なのはセイロの中を通過する蒸気の強さ。

写真5　強い蒸気で蒸す／吾妻農産加工組合　（写真：原田ヤチ代）

セイロの上部から勢いよく蒸気が噴き出すようにしなければならない（写真５）。

●蒸し加減はひねりもちで判断する

蒸気が十分な強さであれば，蒸し器の最上部から吹き出してから、25～35分程度で蒸し上がる。蒸気が弱いとベタッとした蒸し米になり、作業性が悪くなるだけでなく、こうじ菌の繁殖にも悪影響を与える。また蒸しすぎも蒸し米の水分過多の原因になる。こうじ用の蒸し米は食べるための蒸し米よりはかなり硬いが、「ふんわり」と中心まで熱が通っていなければならない。蒸し加減の目安は、蒸し米を一つまみ取って指先でこねたときに、芯がなく、もち状になればよい。この見分け方を「ひねりもち」という。蒸し時間は米の質、吸水加減、蒸気の強さで変わるので、ひねりもちで確認するのがいちばんよい。

冷却

●蒸し米の品温を35～40℃に下げる

蒸し上がった米を蒸し器から取り出し、作業台の上で全体をかき混ぜてほぐしながら、蒸し米の温度（品温）を35～40℃に冷やしていく。熱いうちは木べら（大きめのしゃもじ）を使ってかき混ぜてもよい。下から上、下から上へと大きくかき混ぜながら、蒸し米のかたまりをほぐし、全体の水分を均一にする。表面だけしかかき混ぜないと、下部の蒸し米の温度がなかなか下がらず、また水分も多いままになるので、下から上へと大きくかき混ぜて、しっかり水分を飛ばしておくことが大事だ。ただし、あまり力任せにやると、米粒が潰れて粘りが強くなり、もち状になってしまうので要注意。

種付け

●種こうじを蒸し米全体に均一に混ぜ込む

蒸し米がほぐれ、品温が40℃以下に下がったら種付けを行なう。

まず蒸し米の一部に種こうじの粉末を振り、指先でサッと混ぜ込んで、種こうじが多量に付いた蒸し米をつくる。この蒸し米を全体にまんべんなくばらまき、米粒の表面に軽い傷を付けるように手のひらで軽くもみながら、全体を攪拌していく。種こうじを全体にパラパラと振りかけてもよいが、この方法の方が簡単にむらなく種付けできる。

蒸し米をもむときには、力を入れて練り上げないこと。蒸し米を潰さないようにほぐしながら、種こうじが全体に均一に広がるように混合攪拌するのがポイントである。

引き込み

●36℃以下に下げて発酵機へ

種付けした蒸し米を麹室や発酵機の中に移すことを「引き込み」と呼ぶ。発酵機に専用の敷布をセットし、その上に種付けを終えた蒸し米を入れる。引き込み時の蒸し米の温度（品温）はこうじづくりの方式や使用する発酵機の仕様などによって若干の違いがある。通常は30～33℃程度で引き込むのが望ましいが、発酵機に加温機能がなかったり、あっても加温能力が低い場合には、引き込み時の品温を心持ち高め（35～40℃）にすることがある。発酵機を利用するときは説明書をよく読んで、温度管理をすること。

●冷却による蒸し米の乾燥に注意

ちなみに私が利用した発酵機（ヤエガキ「ミニ15」、写真3参照）は、容器内の温度が設定温度の36℃を超えるとファンが回り、底部から外気が導入されて冷やすしくみになっている。底部に水を張ることにより乾燥を防ぐ工夫はされているものの、空気が乾燥した冬季に長くその状態が続くと、外気が当たる底部の蒸し米の乾燥が進み、蒸し米がカリカリに乾いてしまうことがあった。

このタイプの発酵機では設定温度よりも高いと外気導入による冷却がはじまってしまうので、引き込み時の品温はファンが起動する設定温度より低めにしておく。設定温度が36℃ならば30～35℃で発酵機に引き込むのが望ましい。

切り返し

●18～20時間で切り返し。ほぐしながら品温を下げる

昔ながらの床製麹法や麹蓋製麹法では、引き込み後、切り返し、盛り込み、一番手入れ、二番手入れ、積み替えとさまざまな操作が必要で、夜通しの作業となることも多かった。しかし発酵機を使う場合、盛り込みや手間のかかる積み替えは不要となり、作業はかなり楽になる。

引き込み後8～10時間程度で、発芽したこうじ菌の活動により、蒸し米の品温が上がりはじめる。18～20時間が経過するころには、米粒のツヤがなくなり、こうじの香りが漂ってくる。雑菌に汚染されることなく、蒸し米にこうじ菌が増殖をはじめた証拠だ。

こうして品温が38～40℃近くまで上がってきたら、切り返しを行なう。蒸し米を容器から取り出し、作業台の上でほぐしながら品温を下げる。粘りが強くて種付け前によくほぐせなかった蒸し米も、この時点になると粘りが少なくなり、手でパラパラとほぐせるようになる。切り返しによってこうじのかたまりがほぐれ、品温を均一に低下させるとともに、こうじ菌に十分な空気が与えられるので、こう

じ菌の繁殖が促進される。

●過度の品温低下と雑菌混入に注意

ただし品温が過度に下がると、こうじ菌の増殖が停滞する原因になるので、冬季など気温が低いときには品温が下がりすぎないように注意する。また雑菌、とくに納豆菌のようなバクテリア（細菌）の混入にも注意が必要。こうじづくりの基本となる微生物管理・衛生管理の問題をおろそかにすると、この段階でトラブルが発生しやすい。

手入れ

●品温が下がりすぎないよう手入れは手早く

切り返しから5～6時間たつと、こうじ菌はさらに繁殖し、品温は再び36～40℃まで上昇してくるので、ここで1回目の手入れを行なう。こうじのかたまりをほぐしながら全体を撹拌し、品温を均一にするとともに、こうじ全体を空気に触れさせて発酵機にもどす。1回目の手入れから数時間後には再び品温が上昇してくるので、40℃近くまで上がってきたら2回目の手入れを行なって品温を下げておく。

さきほどの切り返しでも述べたが、この手入れも気温が低い時期にあまりゆっくり行なうと、品温が下がりすぎてこうじ菌の増殖が遅くなるので、作業は手早く行なうこと。品温が30℃以下にならないようにするのが望ましい。

出麹

●引き込みから42～45時間で完成

菌の増殖が順調に進めば、引き込み後42～45時間で出麹（完成したこうじを発酵機や麹室から取り出すこと）となる。こうじが完成したかどうかは、標準的な時間を目安に、こうじの破精《はぜ》回り（蒸し米へのこうじ菌の付き方）の状態を観察して判断する。

写真6　出麹

途中で品温が下がりすぎたなど、何らかの理由で破精回りが十分でないときは、出麹を遅らせる必要がある。

　原料米15kgの場合、こうじの重量が16kg前後になれば良好と思われるが、17～18kgのときは水抜けの悪いベタッとしたこうじになっている可能性が高い。

●よい米こうじの見分け方

　よい米こうじの特徴は、①味噌のタイプに応じた酵素力価がある、②こうじ菌以外の雑菌におかされていない、③破精落ち（こうじ菌がほとんど付いていない蒸し米）がなく、破精込み（こうじ菌が蒸し米の内部に菌糸を食い込ませている状態）が深い、④着色が少なく、明るい色合いをしている、⑤こうじとしての芳香があり、異臭がない、⑥こうじを握ったときの感触がふっくらとしている、などである。

　酵素力価以外は外観で判断できるので、慣れてくれば一目でよいこうじかどうかわかるようになる。

　酵素力価については後述する「こうじの簡易測定法」によって調べることが可能だ。

写真７　米こうじの破精込み　（写真：山下秀行）

こうじの簡易測定法（河村氏法）

品質アップに不可欠な こうじの簡易試験（河村氏法）

　こうじの第一義的な目的は、こうじ菌のつくり出す酵素を利用することにある。そのため、こうじの良否の判断は、こうじが持っている酵素の力を評価することになる。こうじはいろいろな酵素をつくり出すが、味噌づくりに不可欠な酵素として、米のデンプンを糖化する酵素（アミラーゼ）とダイズのタンパク質を分解する酵素（プロテアーゼ）の二つがある。この酵素の力を測る方法は多数あるが、短時間で簡単にできる方法は少ない。

　ここで紹介するこうじの簡易試験「河村氏法」は、こうじが持つ糖化酵素の力を測定する方法である。この簡易試験をごく簡単にいうと、甘酒をつくり、その味や香りを調べて糖化力を判断する方法といえる。適当に甘酒をつくるのではなく、再現性を確保し、過去の測定値との比較ができるよう、正確に重量を測定するとともに温度条件や加水条件を一定にすることが重要である。

　河村氏法によるこうじの簡易試験は、米を原料とする米こうじの糖化力を測定する方法であって、ムギを原料とする麦こうじの評価は測定事例が少なく、適切な評価基準が定まっていないので米こうじに限定された簡易試験といえる。

　できあがったこうじは、色や破精込み（こうじ菌が蒸し米内部に菌糸を食い込ませること）の状態、香味、乾湿の程度について五感を使って観察する。できあがったこうじのできがよかったのか、悪かったのか、すぐに調べることが大切である。こうじの外観を観察し、手で触れ、さらに糖化力や糖化したときの状況がわかると、こうじの品質もわかり、次回に注意すべきところもわかってくる。

材料と器具

　こうじの糖化力の測定は簡易試験でできるといっても、正確に行なわねばならないから、最小限の器具や道具は必要になる。

【材料】　こうじ１００g、温湯２００ml

【器具】　三角フラスコ（５００ml容）、恒温水槽、はかり、メスシリンダー、フラスコダイバリング（三角フラスコを押さえる重石）、アルミホイル、漏斗、ろ紙、（直径20cmくらいの大きさで、東洋濾紙№1あるいは№2のような目の粗いもの）、糖度計、pHメーター

測定の方法

●こうじを湯に溶き56℃で60分静置してろ過する

　測定の手順を図7（25ページ）に示す。

　56℃の恒温水槽を用意する。次に５００ml容の三角フラスコにこうじ１００gと70℃前後の温湯２００mlを加え、振とう混合する。

　よく混ざったところで、三角フラスコにフラスコダイバリングを付けて丸ごと56℃の恒温水槽に入れる。

　30分後に再び振とう混合する（写真10）。60分後、直ちに流水で20℃（室温）まで冷却する。

　冷却できたらろ紙でろ過する。ろ過するのに時間がかかるが、60分くらいでろ過できる。60分経過したら、ろ液の液量と糖度、pHを測る。

●冷却は均一にすばやく

　恒温水槽から出した三角フラスコの試料を流水で冷却する際に、フラスコが複数本あるなら、一度に冷却するためには氷水を用意するとよい。氷水に浸けた三角フラスコを順次、撹拌すると、均一にすばやく冷却できる。

こうじの仕上がり評価の目安

　次の諸点を観察してこうじのできばえを評価する。

①ろ紙の上に残った米こうじを指先で潰し、潰れ具合、溶け具合を調べ、米の蒸しの良否（指先で潰すと完全に潰れるものから、硬い芯が残るものがある。完全に潰れるも

のから、わずかに芯が残るものはよいといえるが、硬い芯が大きく残るものは米の蒸し加減が悪いといえる）、こうじの破精込みの良否（破精込みが深く、着色は少なく明るい感じのもの）を判定する。

②ろ液の色や濁りを観察する。濁りのあるものは好ましくない。

③ろ液の量を200mlメスシリンダーで量り、液化力とする。通常は80ml以上になる。50ml以下は好ましくない（ただ、「べちゃついた」こうじは水分が多く、液量も多くなるので80ml以上あればよいというものでもない）。

④ろ液を糖度計で測り、糖化力とする。通常は18％以上あり、15％以下はこうじが不良である（「べちゃついた」こうじの中には糖化が進んでいるものもあり、こうじが非常に甘くなっているものもある。測定された糖度が1時間で糖化されたものだけでないこともあるので注意）。

⑤ろ液のpHを測定する。通常5.7〜6.0を示す。こうじの中に、こうじ菌以外の雑多な微生物が多いと有機酸が生成されるため5.7以下になる（共同加工などで、多人数でこうじづくりをしたときに見られる）。

⑥ろ液の香味を観察する。香味の悪いもの、甘味の少ないものは好ましくない。

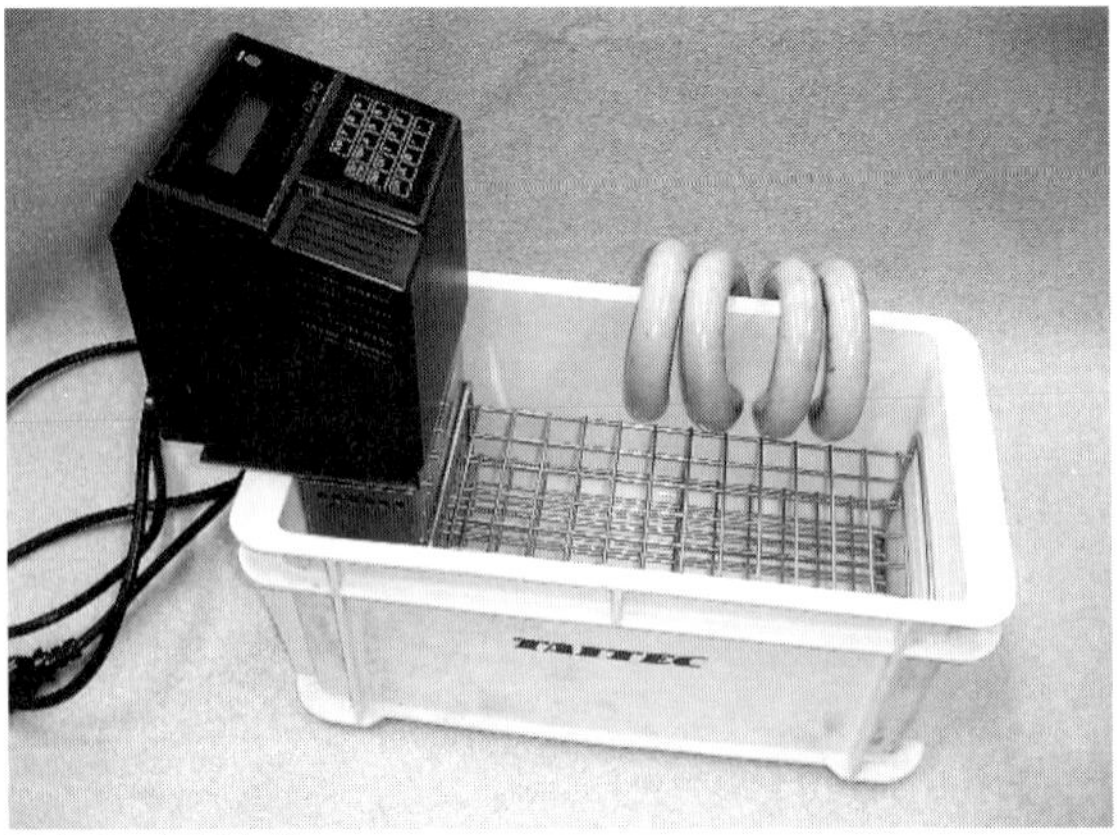
写真８　恒温水槽

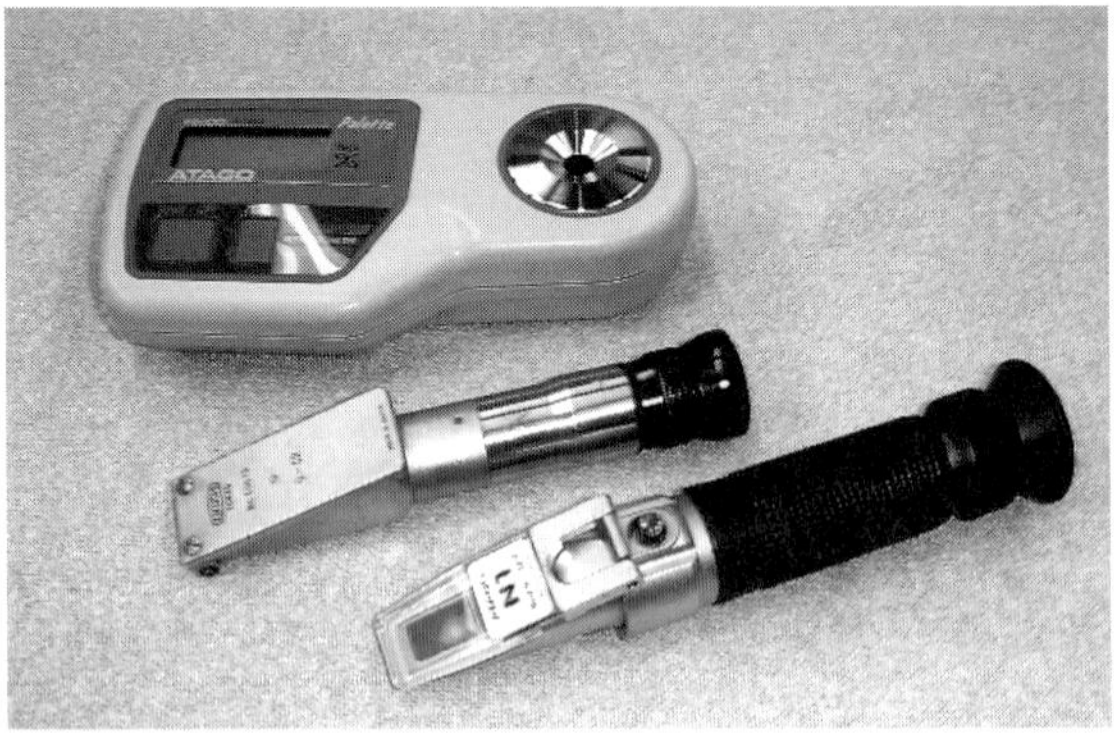

写真９　各種糖度計（河村氏法）

写真10　振とう混合（河村氏法）

図７　こうじの簡易試験法

温度と時間の管理を正確にするのがポイント

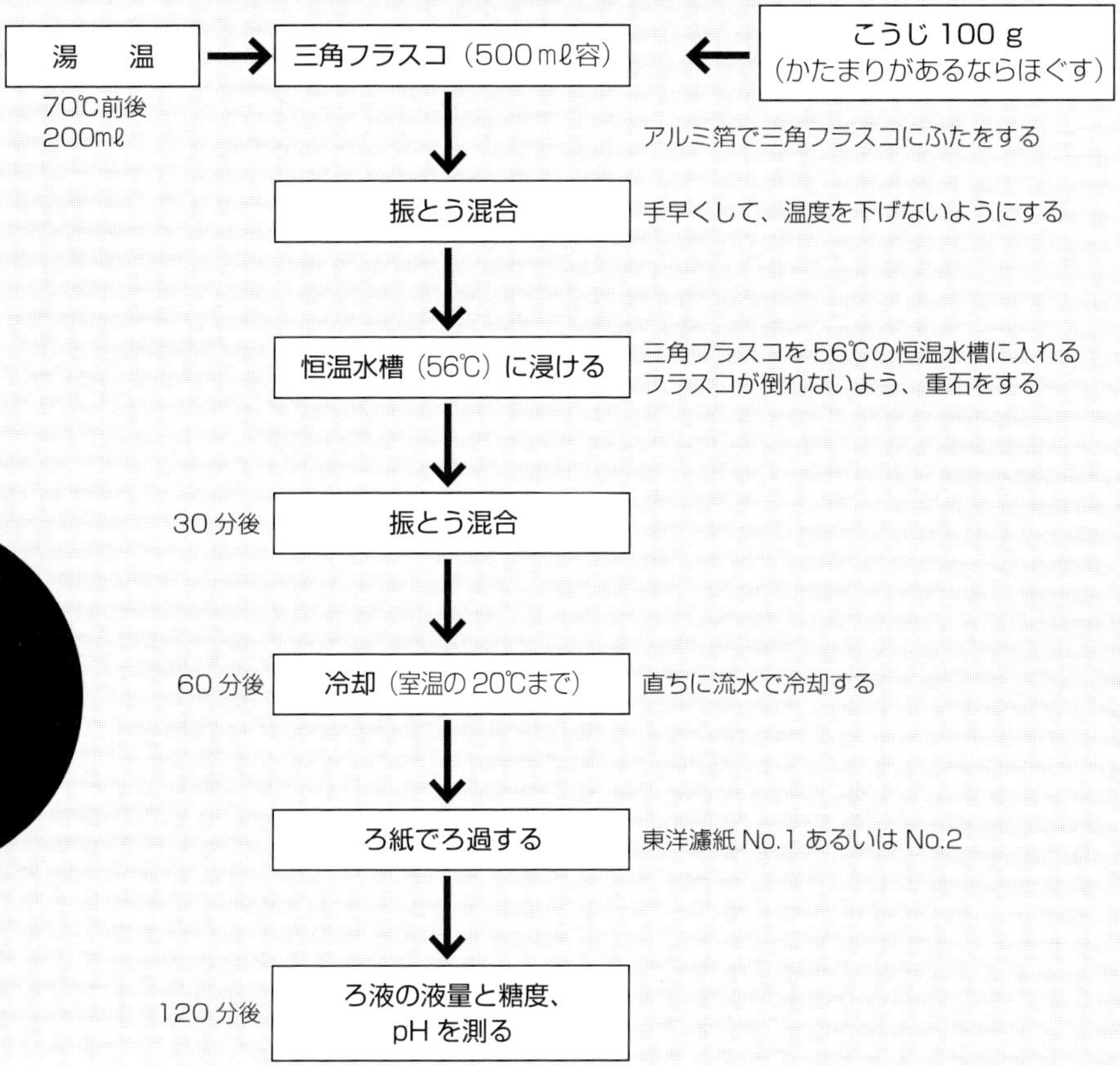

米こうじの保存・包装

●1週間なら冷蔵、数か月なら冷凍で

色の淡い味噌をつくるには若こうじを使うのが最良とされる。したがって出麹と同時に煮ダイズ、食塩と合わせて仕込むのがよいが、何も処置せずにおくと発酵が進んでしまうので、保存するときは品質が変わらないような工夫が必要になる。こうじの代表的な保存法は、味噌仕込みに使う塩の一部を混合して塩切りこうじにしておく方法である。こうじ重量の20％程度の塩を混ぜておけば、雑菌の繁殖を抑えることができるので、2～3日なら常温保存も可能である。ただし、塩切りこうじも常温では糖化が進むので、それ以上の保存をするなら冷蔵、または冷凍しておかなければならない。5～10℃で冷蔵すれば、1週間程度は問題なく使える。冷凍すれば数か月間、こうじの酵素活性を落とすことなく保存することが可能だ。

いずれの場合もポリエチレン袋に入れ、周囲からの汚染を防ぐとともに乾燥を防ぐことが必要である。

●包装するときは汚染や異物混入に注意

こうじを製品として販売出荷する場合は、包装することが必要になる。とくにこだわりがないなら、食品包装用のポリエチレン袋を包装容器として使うとよい。これならコストも安く、また袋のサイズ次第で1～5kgの小袋から、10kg、15kgの大容量包装まで幅広くカバーできる。無包装での出荷・販売も不可能ではないが、微生物汚染や異物の混入に注意しなければならず、かえって非効率となるので、簡易なものであってもよいから包装をしたほうがよい。実際に販売されているこうじの包装形態は、プラスチック袋などに袋詰めしたもののほか、板こうじと称して薄い木箱にこうじを詰め、フィルム包装あるいは真空包装したものなどもある（写真11）。

袋詰めしたこうじは温度管理が重要。こうじ菌が増殖をはじめてはいけないし、製造中に混入した雑多な微生物が増殖してもいけないので、低温保持が大原則となる。

出荷までの時間があるときは冷凍保管し、微生物の増殖を防ぐとともに酵素活性の低下を防ぐ。

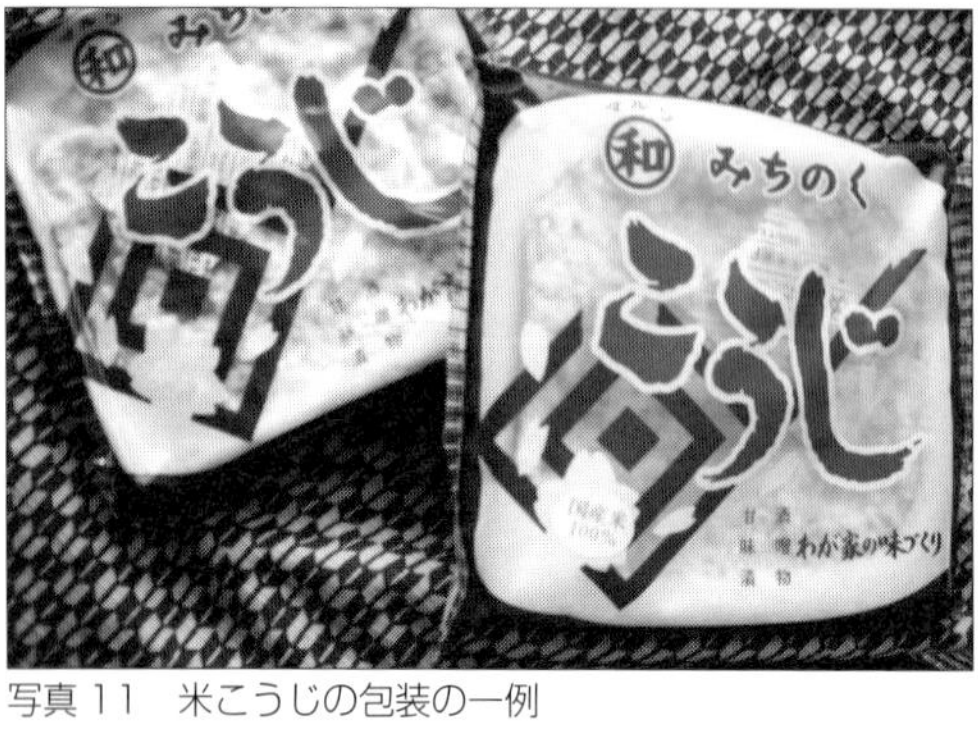

写真11　米こうじの包装の一例

米こうじ Q&A

機械・施設

Q 01 必要なこうじは15kg程度だが、60kg用の発酵機しかなかったのでこれを購入した

A 今後も15kgしかつくらないなら返品を

発酵機の場合、大は小を兼ねない。60kg用の発酵機は60kgの原料米から品質のよいこうじを効率よくつくるように設計されているので、60kg用の発酵機で15kgのこうじをつくるのは効率が悪く、むだが多い。また、60kg用の発酵機は15kg用の発酵機に比べ2～3倍の体積があるため、より広い保管場所が必要になる。これから先も15kg程度のこうじしかつくらないのであれば、返品・交換をすすめる。

▼蒸し器などの容量に合わせること

一度に60kgのこうじをつくる場合でも、原料米の蒸し器の容量が15kgあるいは30kgなら、発酵機もそれに合わせたほうがよい。また60kg用発酵機1機を使うより、30kg用発酵機2機を使って作業するほうが、こうじの品質は同等でありながら作業効率がよいこともある。いずれにしても装置の導入については製造計画などに基づいて慎重に検討したい。

▼工程の流れや生産量に配慮して機械を選ぶ

米の洗浄、浸漬、水切り、蒸熟などからこうじつくりへの工程が滞りなく流れるようにすることを主眼として、機械・施設を設置する必要があるが、ここでつくったこうじの大半が味噌を仕込むことに利用されるなら、味噌仕込みの機械・施設を含めて考えねばならない。

また生産量を2倍程度に増やす場合には、①現状の機械・施設を使って複数回製造する、②同じ規模の機械・施設の製造ラインを増設して労力も2倍にして製造する、③2倍量が製造できる機械・施設の製造ラインに変更する、などいろいろな方法が考えられる。

機械・施設の導入については全体の作業工程を俯瞰し、労力配分なども考えながら規模拡大の方法を考えることが必要になる。

Q 02 こうじ発酵機を自分でつくれないか

A 温湿度管理と空気の交換ができればよい

市販の発酵機と同じようなものをつくることはそれほど困難ではない。保温資材で容器をつくり、温度の調整はサーモスタット付きのヒーター、湿度と空気の調整は小型のファンを付けて外気を取り込むことにより、よけいな湿度の除去と空気の交換をすることができる。

雑多な微生物の繁殖を抑えながら、こうじ菌が優勢に生育、繁殖できる環境をつくればよいので、温度と湿度、空気を適切に管理できれば品質のよいこうじをつくることができる。

昔の農家はむしろとわらを使って温度と湿度、空気の管理をしながらこうじをつくっていた。現在でも、育苗用の小型ハウスや発泡スチロール箱に、紙袋あるいは電気毛布とタオルを利用して保温しながらこうじをつくっている方もいる。

原料・素材選択

Q 03 原料米に古古米を使ってしまったが大丈夫か

A 異臭米や虫・微生物の被害米でなければオーケー

古古米といっても、籾《もみ》や玄米の状態で低温保管されているなら、著しい品質低下はないので何ら問題なく使える。一般に古米や古古米は粘りが少なくなるが、粘りが少ないことはこうじつくりにはよい影響はあっても、著しく悪い影響はない。

最近は古米も低温保管されていることが多いが、常温で保管された古古米では異臭が出たり、害虫や微生物の被害にあっていることも考えられる。異臭や被害の程度が極軽微なら再調整して使うことも可能だが、どの程度まで許容するかは、それぞれの製造者自らがめざす製品の品質基準に基づいて規定しておくことが必要である。

味噌、甘酒、まんじゅう、清酒など用途によるこうじの使い分けについて一般的に記すことはできない。

実際にこうじをつくり、それを利用してみないと判断できないが、極力、異臭米や虫・微生物の被害米を使わないほうが得策といえる。

Q 04 コシヒカリをこうじの原料米に使ったが問題はないか

A 粘りのある米はかたまりになりやすい

コシヒカリなど粘りの強い品種（14ページ、図5参照）を蒸し米にすると、ほぐれが悪く大きなブロック（かたまり）になりやすい。このようなかたまりができると、こうじ菌はかたまりの表面には生育するものの、かたまりの内部は酸欠状態になるため入り込めず、繁殖が制限される。つまり、蒸し米のかたまりが大きく、その数が多いほど、こうじ菌が繁殖できる表面積が小さくなり、糖化酵素やタンパク分解酵素の量の少ない品質の劣ったこうじとなる。こうじに用いる米は粘りが少ないほうがよいとされる理由がここにある。人間が食べておいしい米と、こうじづくりに向いた米とは違うのである。

▼蒸し米のかたまりを小さくする方法

蒸し上げたばかりの米の粘りが強く、大きなブロックになっているときは、蒸し米を作業台へ出し、ヘラを使って少々強引に薄く切り分けるようにしてかたまりを小さくする。

薄いブロックにして余分な水分を飛ばしながら温度を下げていき、適当なところで手早く種付けをして発酵機に引き込む。この作業によって蒸し米のかたまりが小さくなればなるほど米の表面積が大きくなり、空気を好むこうじ菌の生育にとってよい環境ができる。さらに翌日の切り返しや一番手入れのときには温度を下げないように注意しながら、かたまりをできるだけ細かくほぐしていく。蒸し上げた直後の水分蒸散がうまくできていればこの作業は効率よく進む。

Q 05 砕米を有効活用しようと思い、こうじの原料にしたが大丈夫か

A 微細砕米や米粉が混じらなければ大丈夫

砕米であっても、蒸し米が団子になるような微細砕米や米粉が混じっていなければこうじにすることは可能だ。

まず微細砕米や米粉などをふるい分けて取り除く。砕米の大きさが通常の米粒の半分以上であれば、通常とほぼ同じ手順でこうじづくりを進めることができるが、いくつか注意すべき点がある。まず、米の粒が小さく吸水が速いので、吸水に時間がかかる低温条件や冬季でも浸漬時間はやや短めにする必要がある。

▼粒の小さい米ほど水切りはしっかり

また、浸漬の後の水切りはしっかりと行なうことが大切。米粒が小さいほど米と米の間に水を保つ力が強くなるため、水が抜けにくい。水切りは大ザル1個で行なうより

も、複数のザルに分けて行ない、米の厚みをなるべく薄くするとよい。また砕米は通常の米よりも崩れやすく、水切り後に乱暴に扱うと米同士がこすれあって新たな米粉ができるので、ていねいに扱うこと。この米粉が混ざった米を蒸すとより多くの水を吸い、こうじをべちゃつかせるもとになる。可能なら布袋に入れて遠心脱水機（洗濯機の脱水機能でも可）にかけ、米に付着している水を除くとよい。

▼砕米の「蒸し」は乾いた蒸気で一気に

砕米を蒸すときは、できるだけ高温・高圧の「乾いた蒸気」で一気に蒸し上げることが大切。低温・低圧の「湿った蒸気」で蒸熱すると蒸気がセイロの中で水になるため、蒸し米の水分が多くなり、もち状態になりやすい。砕米の蒸し米がこのような状態になるとほぐすことは困難。砕米に微細砕米や米粉が多い場合は、こうじにするのはあきらめ、団子や菓子用の米粉とすべきだろう。

Q06 味噌用のこうじなのに、甘酒用の種こうじを種付けしてしまった

A 甘酒用種こうじでも味噌はつくれる

種こうじは米味噌用、麦味噌用、甘酒用などいろいろな種類のものが販売されている。各メーカーはいろいろな種こうじを持っており、こうじ菌の持つ特性と加工品の品質の関係から専用の種こうじを選択している。基本的には米味噌をつくるなら米味噌用種こうじ、麦味噌をつくるなら麦味噌用種こうじを用いるのがよい。しかし種こうじの種類が違うからといって、まったく使えないわけではない。甘酒用のこうじ菌は米味噌用のこうじ菌に比べ、菌糸が白く、長く、甘酒をつくったときに甘酒が白く仕上がるが、糖化酵素やタンパク分解酵素には大きな差がないので味噌に使っても大きな問題はない。

同様に米味噌用種こうじを用いてつくった麦こうじでも麦味噌はできるし、麦味噌用種こうじを用いた米こうじでも米味噌はできる。

原料米の浸漬

Q07 米の浸漬時間が足りなかったような気がする。吸水状態の適不適を見分ける方法は？

A 指先で強くひねって砕けるくらいが目安

浸漬した米の水をよく切って重量を測定し、原料米の重量を引けば吸水量が算出できる。この吸水量を原料米の重量で割り、100をかけたものが吸水率（吸水歩合）となる。理想の吸

表3　吸水率の計算式

吸水率（%）＝〔(浸漬後の米重量－原料米重量）／原料米重量〕×100
吸水率は26～28%を理想とする

水率は26～28％である。もっと簡便に吸水の良否を判定する方法もある。吸水した米粒を指先でつまんで強くひねったときに砕けるくらいがちょうどよい吸水具合である。

吸水に必要な時間は米の大きさ、水の温度、作業場の温度などによって変わる（16ページ参照）。自然環境に近い作業場ならば、水温5～10℃、作業場の気温10℃くらいの冬季で17～24時間、水温10～15℃、気温15℃くらいの春先や秋口では12～17時間である。これに準じて、室内などで空調が整っているなら、水温と室温をチェックして、浸漬時間を決める。

Q08 こうじ用米を長く浸漬していたら臭くなってしまった

A 雑多な微生物が繁殖したのが原因

雑多な微生物の繁殖によるものと考えられる。とくに夏場（20～25℃以上の高温環境）の長時間にわたる浸漬は微生物の増殖を招きやすい。夏場は浸漬時間を必要以上に長くしないこと、できるだけ涼しい場所に置くことが大事になる。段取りとしては、米の浸漬はその日の最後の作業とし、気温が下がる夕方以降に作業場の室温を下げてから行なう、翌朝一番で水を換える、などの点に配慮する必要がある。

▼臭くなった浸漬米の対処法

においの出た米は雑多な微生物が繁殖しているので、こうじの原料としては問題がある。軽い乳酸発酵のような香りがする程度なら、よく水洗いして使うことも可能だが、ドブ臭い腐敗臭がする場合は利用しないほうがよい。腐敗臭が付いた原料を使って製品化すると最後まで腐敗臭が残り、製品の品質を低下させることになる。

もったいないのでどうしても捨てたくない場合は、すり潰した後、繰り返し水にさらして米のデンプンを利用することも考えられるが、時間や労力、経済性を考えるとメリットは小さい。

原料米の水切り

Q09 浸漬後にしっかり水を切ったつもりだったが、仕上りのこうじがべちゃつく

A 作業はきちんと確実に行なう

作業は「つもり」ではなく、確実に行なうことが大切。しっかり水が切れたかどうかを確認するには、毎回重量を測定して吸水率を計算することが望ましい（Q7参照）。また水切りは1個のザルで行なうより、複数のザルに分けて行なうほうが速く水が切れることも覚えておきたい。

▼原因はほかにもある。各工程のチェックを

　水切り不足だけがこうじの水分過多の原因とは限らない。たとえば蒸熱時の蒸気が弱かったために、蒸気が米の中で凝縮して過剰な水分がたまり、蒸し米の水分が多くなることがある。また、発酵機の調整や引き込み後の管理が不適切だったためにこうじがべちゃついてしまうケースもある。原因を浸漬だけに帰すのでなく、各工程が適切に行なわれていたかどうかを確認することも必要だ。

原料米の蒸し

Q10 ボイラーの蒸気を最大にするのはむだだと思い弱めにしたら蒸し米に時間がかかりすぎた

A 二次蒸気利用ではボイラーを弱めすぎないこと

　ボイラーを使って蒸し米を行なう際は、ボイラーの出す一次蒸気を直接蒸し米に通す方法と、ボイラーの蒸気を熱源として蒸し器内の水を沸騰させ、この熱湯が出す蒸気（二次蒸気）を利用する方法とがある。どちらにしても考えなければいけないのは、蒸し器の中を通る蒸気の強さがどうなっているかということだ。

　蒸気の強さは蒸気圧で示され、蒸し米に適した蒸気圧は0.1〜0.5kg/㎠とされる。ボイラーの蒸気を直接利用する場合は、ボイラーの蒸気圧をこの範囲に調節すればよい。しかし二次蒸気を利用して蒸し器を沸騰させる場合は、ボイラーの蒸気圧はこれでは足りないことが多い。

▼蒸気の強さは上部からの抜けで判断

　二次蒸気利用の場合、蒸し器の中の蒸気圧を測ることはできないので、上部からの蒸気の出具合を見て蒸気の強さを判断する。蒸し器・甑《こしき》の上部からすみやかに蒸気が抜けはじめ、以後も勢いよく蒸気が抜ける状態が目安。この状態が安定して続くように、ボイラーの蒸気圧を調節する必要がある。蒸気圧が弱いと、単に蒸し時間が長くなるだけでなく、蒸気が米の中で凝縮し、水分の多い蒸し米になりやすいので、蒸気圧は弱めすぎないことが大切だ。

Q11 米の蒸し加減の良し悪しを判断する方法はあるか

A 「ひねりもち」で判断。ご飯より硬いのが普通

　蒸し加減は、熱い蒸し米を指先でひねってみて、芯がなくなり、もち状になればよい。この見分け方を「ひねりもち」という。蒸し時間は米の質、吸水加減、蒸気の強さなどで変わる。蒸し時間だけでは正確な判断はできないので、ひねりもちで確認するのがいちばんよい。

　なお、食べるために炊いたご飯と、こうじにする蒸し米

とでは水分含量や硬さが全く異なる。こうじ用の蒸し米は普段食べるご飯に比べてかなり硬いことを認識すること。

Q⑫ 蒸し米がほぐれにくいので力任せにかき混ぜたらかたまりになった

A 力任せにかき混ぜるのは逆効果

作業台の上で蒸し米のかたまりをほぐすとき、やみくもに力任せにかき混ぜると蒸し米が潰れ、粘りが出てさらに大きなかたまりになってしまう。全体をかき混ぜるときは、下から上、下から上へと蒸し米のかたまりをほぐしながら、大きくかき混ぜることが大切。蒸し米の下に手を入れ、持ち上げるようにしてほぐしていく。水分が抜けるにつれて米粒が締まりくっつきにくくなる。

多少粘りのある蒸し米であっても、粒の間にたくさんの空間を持ったふっくらとした状態になるので、その後の種付けも順調に作業できる。

▼引き込み後、早めの手入れでほぐす

どうやっても蒸し米がかたまりになってほぐれにくいときには、無理に米粒をバラバラにほぐす必要はない。大きなかたまりを小さなかたまりに、手早く粗くほぐし、種こうじ菌を植え付け、発酵機に引き込む。通常の手順では引き込みから18～20時間後に切り返しを行なうが、このようにかたまりが多いまま引き込んだときは、引き込みから10時間後あたりで一度手入れを行なう。このときには米の粘りが減ってきているので米のかたまりをバラバラにほぐすことができる。

Q⑬ 蒸し米をよく混ぜなかったせいか、水分が何となく多めで、引き込み時の品温も高めになった

A 熱いときは木べらやしゃもじを使って

作業台に出した蒸し米の表面だけしかかき混ぜないと下部の米の温度が下がらず、水分も多いままになりやすい。下から上に大きくかき混ぜることで、部分的な水分のむらがなくなり、全体の温度や水分も均一になる。蒸し米と作業台の間に手を入れ、下から上へ持ち上げながら、蒸し米に余分な力を加えないように撹拌する。熱くて手が入れられないなら、木べらやしゃもじなどを使うとよい。

このようにして全体をかき混ぜながら，蒸し米の水分を均一にするとともに、35～40℃に冷やしていく。

種付け

Q14 説明書にある分量の種こうじをまいたが、本当にこんな少量でいいのかと不安だ

A 使用説明書に記載してある量なら問題ない

種こうじ菌の量が極端に少ないと、こうじ菌の増殖が遅れ、不要な微生物が増殖しやすくなる。本来ならこうじ菌が占有しているはずのこうじに雑多な微生物が多く混ざることになり、酵素活性が低くなったり、異臭や異味を発する原因になる。

しかし、種こうじの包装容器や使用説明書に記載してある分量を守り、適切な手順で種付けをしていれば問題はない。

たとえば日本醸造工業の種こうじの包装袋には「原料２００kg用（２００g詰）」とある。つまり原料米が15kgなら、15gの種こうじを使えばいいということだ。こうじづくりは伝統的に適切な作業工程が確立されているものであり、工程をきちんと守ることが大切。先人が多様な失敗を繰り返し、その経験から現在の技術に至っているものなのである。

Q15 種付けのときに蒸し米がもち状になってしまった

A 種付けでは蒸し米を強くもみ込まないこと

種こうじ菌を蒸し米によく付けようと一生懸命に手でもんだために、蒸し米がくっついてもち状になったと考えられる。種こうじを蒸し米に植え付けるといっても、蒸し米の表面に種こうじをふりまき、なるべく均一に種こうじが蒸し米に付くようにすればよく、ゴシゴシと力を入れて蒸し米の中に種こうじをすり込む必要はない。種付けでももち状になるのは力の入れすぎといえる。

▼温度の下げすぎに注意し、次の手入れでほぐす

完全なもち状態になってしまった蒸し米を救うことは難しい。しかし米粒同士が密にくっついていても、まだ米粒が形状を保っている状態であれば、翌日の手入れのときになるべくバラバラにほぐすことで、何とかこうじにはもっていける。

なお、手入れの作業をする際には、温度を下げすぎないように注意すること。

発酵機

Q16 発酵機の温度制御が働かない

A 機器の扱いはていねいに

まず最初に、発酵機の電源が入っているか、コンセントが抜けていないか、各スイッチが所定の設定になっているかを確認する。これで問題がなければ発酵機のセンサー、ヒーター類の故障や、接続コードの断線などの可能性がある。共同利用施設、共用備品では発酵機の扱いが乱暴なために故障が起きることが少なくない。機器の扱いはなるべくていねいに行なうこと。また扱いに不慣れな人、機器の扱いにぞんざいな人に作業を任せないことが大事だ。

▼40℃で引き込み、発酵機を保温容器として活用

発酵機の温度制御ができないケースとしては、温度が上がらない場合と、上がりすぎる場合が考えられる。一番多いのはヒーターが故障して温度が上がらなくなるケースだろう。この場合は発酵機を保温容器として利用することを考えるとよい。

通常、発酵機に引き込む蒸し米の温度は30～35℃だが、ヒーターの加熱による温度上昇が期待できないときは、少し高め（36～40℃）で発酵機に引き込む。このとき、ファンのスイッチは切っておくこと。蒸し米は徐々に温度が低下していくが、こうじ菌が増殖を開始する温度は確保できるので、やがてこうじ菌の増殖がはじまり、温度も上昇してくる。通常どおり18～20時間後に切り返しを行ない、再び発酵機に取り込む際にファンのスイッチを入れておく。以後はファンによる冷却が正常に動くならば、通常に近い手順でこうじづくりを行なうことができる。

一方、ファンが回らなくなり、こうじ菌の増殖によって発生する熱を強制的に除くことができない場合は、こまめに温度を測り、36℃を超えてきたら手入れを行なってこうじの温度を下げてやればよい。

▼洗米の前に発酵機の具合を確認

いったん米を洗ってしまうと、作業の中止や延期は困難になる。発酵機を利用するときは、洗米や浸漬の前に、発酵機が正常に動くかどうか、汚れやカビなどがなくすぐに使える状態にあるかを確認しておく必要がある。

Q17 発酵機を使おうとしたら、発酵機内で使用する敷布に黒い斑点が付いていた

A よく水洗いした後、脱水・乾燥させて使う

使用後の洗浄・乾燥が不十分だったために、こうじ菌が増殖し胞子を形成したものと思われる。一度黒い斑点が付

いてしまうと、いくら洗浄しても黒くなった部分は落ちない。すぐに使用しなければならないときは、よく水洗いして脱水し、室内で乾燥させてから使用するとよい。

　こうじづくりに使用した敷布には米やこうじの残がいが付いているので、使用後は毎回必ず水できれいに洗浄して室内で乾燥させておくことが大切。なお、室外に干すのは多様な微生物が付着するおそれがあるので避けたほうがよい。

Q18 発酵機のスイッチを入れ忘れた

A 温度を確認し、適切な処置をとる

【ヒーターのスイッチを入れ忘れた場合】発酵機にはヒーターとファンのスイッチがある。ヒーターのスイッチを入れ忘れていた場合は、まず米の温度とこうじ菌の生育具合を確認する。温度が30～36℃の範囲であれば問題ないので、ヒーターのスイッチを入れて通常の作業を続ければよい。30℃より低いときにはヒーターのスイッチを入れた後、時間遅れで作業を続ける。温度が25℃を下回っているときは、36℃くらいまで加温してから発酵機にもどし入れることが望ましい。

【ファンのスイッチを入れ忘れた場合】温度が40℃以下ならば、ファンのスイッチを入れ、通常の作業を行なう。温度が40℃を超えるときにはすぐに手入れを行ない、米の温度を下げて通常の作業にもどる。

▼操作マニュアルや点検表を使い、複数人でチェック

　スイッチを入れ忘れるのは、操作に不慣れなのに操作マニュアルも見ずに作業したか、操作慣れによる不注意や単純ミスが原因と考えられる。ミスを起こさないためには、操作マニュアルや点検表を手元においてチェックや指さし確認をする、各作業の確認を1人に任せず複数人で確認する、作業終了後にも再確認する、などの対策が求められる。

Q19 発酵機を使おうとしたら発酵機の中に米粒が残り、カビが生えていた

A 原因はこうじ菌の繁殖。使用後の手入れを忘れずに

　使用後の洗浄・清掃・乾燥が悪く、内部に残った米にこうじ菌が繁殖したものと思われる。とくに共同利用の施設や共用の備品でこのような例が多い。発酵機の使用後は、しっかりと洗浄・清掃を行ない、十分に乾燥させてから保管することが大切。味噌の仕込み作業に追われるあまり、使用後の処置や管理がぞんざいにならないよう注意したい。

▼きれいに拭いてアルコール消毒後に使用する

　発酵機内の米とカビは前回のこうじづくりの残がいであり、それ自体は深く心配する必要はないが、清掃が悪いと

いうことは、他の汚れも付いている可能性がある。発酵機内外をきれいな濡れ布巾で拭いた後、さらに消毒用アルコールを噴霧して拭き取り、アルコールをよく乾燥させてから使用する。

発酵機への引き込み

Q20 種付けの間に蒸し米の品温が低くなりすぎた

A 品温30℃以下なら湯たんぽなどで加温する

種付けした蒸し米が30℃以下に冷えてしまったときは、何らかの手段で昇温させる必要がある。電気毛布や電気あんか、湯たんぽなどを使って温める。また湯たんぽの代用にペットボトルを利用し、40～45℃くらいの湯を入れ、冷えた蒸し米の中に数本埋め込んで昇温させるのもよい。

使い捨てカイロも有効であるが、これは発熱するときに空気中の酸素を使う。直接こうじの中に入れると周辺が酸欠状態になり、こうじ菌の発育が阻害されるので、こうじの中に埋め込まず、上に置く程度にする。

▼ヒーター付き発酵機でも油断は禁物

ヒーター付きの小型発酵機なら、引き込み時の温度が多少低くてもヒーターの熱で温度を上昇させることができる。しかし引き込み時の蒸し米の温度があまりに低い（20℃以下など）と、発酵機のヒーターの力だけでは品温を上げるのに時間がかかり、切り返しをする時間までにこうじ菌が十分に生育できない可能性がある。したがってヒーター付きの小型発酵機を使っている場合も、湯たんぽなどを使って、なるべく早く蒸し米の温度を30℃程度まで引き上げることが望ましい。

Q21 蒸し米が熱いうちに種付けを行ない、品温42℃で発酵機に引き込んだところ米がカリカリに乾いてしまった

A 引き込み時の品温はファンの設定温度まで下げる

小型発酵機のファンの設定温度が36℃の場合、引き込んだ蒸し米の温度がそれより高いと、温度を36℃以下に下げるためにファンが回り続ける。発酵機は外気を導入して米の中を通過させながら温度を下げるため、空気が乾燥していると蒸し米は水分を奪われて乾燥していく。引き込み時の品温が高すぎると、20㎝くらいある蒸し米の層の下半分あたりまでカリカリに乾いてしまうこともある。そうしないためには、引き込み時の蒸し米の温度はファンが回転をはじめる設定温度以下（かつヒーターの設定温度以上）まで下げておくことが望ましい。

▼多少乾燥しても味噌仕込みには使える

蒸し米が乾いてしまったといっても、芯までカリカリになることは少なく、乾燥領域は最大でも外側から40～50％程度だと思われる。この状態の蒸し米にはこうじ菌が増殖していないので酵素が生産されていないが、デンプンはアルファ化されており、雑多な微生物による汚染はない。酵素が少ない分、発酵時間が余分に必要になったり、品質が異なったりするが、味噌の仕込みに使うことはできる。

信州味噌タイプの味噌づくりに必要なこうじの分量は、ダイズと同量から半量程度である。配合割合が変わると、発酵・熟成期間だけでなく呈味成分（味を感じさせる物質）の含量も変わり、異なった風味の味噌となる。この例のように乾燥により発酵度合いの少ないこうじとなった場合、こうじの配合割合を変えたときと同様に風味の違う味噌になると考えればよい。

切り返し・手入れ

Q22 切り返し後、こうじの温度（品温）が低いままなかなか上がってこない

A 作業場の室温が低すぎた可能性がある

作業場の温度が低く、切り返し中にこうじが冷えすぎたため、こうじ菌の活動が抑制され、こうじの品温が上がらなくなっていると考えられる。冬場など気温が低い時期は、切り返しや手入れをなるべく手早く行なうか、暖房などで手入れする作業場の室温を高く保持し、品温が下がりすぎないようにする必要がある。

▼切り返しまでが適正なら昇温を待つ

切り返し前までの品温が適正であったなら、こうじ菌は適正に増殖していると思われるので、そのまま保温を続ければよい。こうじ菌が徐々に活動力を高めて昇温してくるので、次の手入れの時間を遅らせるなどして、こうじ菌が活発に活動するような措置をとる。

また、品温をすぐに上げたいときは、湯たんぽや電気毛布を使い35～40℃程度に加温するとよい（Q20参照）。

Q23 発酵機の壁に水滴がたくさん付き、蒸し米からすっぱいにおいがする

A きれいなタオルで拭き取れば問題ない

発酵機の壁に水滴がたくさん付くこと自体は問題ではない。発酵機はＦＲＰ（繊維強化プラスチック）やアルミといった吸水性がない素材でつくられているため、蒸し米がこうじになる過程で発生する水分が吸収されず、水滴となって発酵機の壁に付く。これは手入れのときに乾いたきれ

いなタオルで拭き取ればよい。発酵機のふたを開けるときは、ふたの内側に付いた水滴がこうじの中に落ちないように注意する。

▼酸臭は微生物の繁殖によるもの

すっぱいにおいは酸臭を生成する微生物の繁殖が原因と考えられる。きれいに洗ったつもりでも人の手には多くの微生物が付いており、これらがこうじの中で繁殖すると、酸臭を生成する。共同加工では大勢の参加者が仲良く並んで蒸し米の攪拌、冷却、種付けをすることがあるが、このように手の数が多いほど雑多な微生物が混入する可能性は高くなる。

こうじの簡易試験（河村氏法）でこうじの品質を調べると、参加者が多いこうじほどpHが低く、酸性になる傾向がある。pHが低いことは、酸を生成する微生物の活動が活発であることを意味する。

▼酸臭があるこうじは基本的に使わない

発酵機の洗浄やアルコール消毒などが適切になされていないと、雑多な微生物が恒常的に在住するため、その発酵機を使うといつも酸臭が出るということになりかねない。これを防ぐには、使用後は毎回、手順どおりに清掃と乾燥を行ない、清潔な状態で保管することが必要。

酸臭が出たこうじについては手の施しようがない。酸臭が強いときや、こうじが糸を引いているときは廃棄すること。こうじがまだ糸を引かず、酸臭もそれほど強くないなら、そのまま味噌に仕込むことも可能だが、あまりおすすめはできない。

Q 24 小型発酵機ではあまりよいこうじができない。蓋麹法のほうがよいのではないか

A 手入れのときに米粒をよくほぐすことが大事

究極のこうじをつくりたいなら、小型発酵機（厚層法の簡易法）よりも蓋麹法のほうがよいのは確か。小型発酵機でつくると50～70点くらいのこうじができるが、蓋麹ならば50～１００点のこうじができる。とはいえ、小型発酵機でも味噌や甘酒の原料として利用するには十分な品質のこうじを得ることができる。

小型発酵機を使うと、こうじが大きなブロックになりやすいが、これは手入れの際によくほぐすようにすれば問題はない。適切に手入れを行なっていれば、たとえこうじが大きなブロックになっても、こうじの粒と粒の間を空気が通過できるので、著しい酸欠状態になることはなく、こうじ菌はおおむね良好に生育する。

▼蒸し米を発酵機へ入れるときは、押さえつけない

小型発酵機に種付けした蒸し米を引き込む際や、手入れ後にこうじを発酵機にもどし入れる際には、蒸し米やこう

じを上から押さえつけるのは禁物。できるだけふっくらと圧力をかけないように入れ、空気が通過できるすき間をつくる。空気の通り道がキチンと確保できていれば、昇温時には外気導入による冷却が機能すると同時に、こうじ菌の増殖に伴って発生する水分を発酵機の外に出すことができる。

　また、出麹のときはすみやかにブロックをほぐし、温度を下げるとともに水分を蒸散させることが大切だ。

Q㉕ 手入れのためこうじを作業台にのせる際こうじを台の外にこぼしてしまう

A こうじを取り出す作業は慎重に

　こうじは水分を含むため、原料米のときよりも重くなる。たとえば原料米15kgをこうじにすると20kg近くの重さになる。これを一人で運んで作業台に広げるのは結構な力仕事で、力任せに台の上に放り上げると大きなブロックの一部が思わぬ方向に飛び出て行く。複数人で運ぶときも、中の一人が変な方向へ力を入れたとたん、こうじが飛び出すことがある。一人であろうと複数人であろうと、こうじを取り出して作業台にのせる作業は慎重に行なうこと。また、こうじをこぼしたときは、すみやかに掃除して床の汚れにしないことも大切である。

▼作業台も使いやすいものを用意したい

　共同利用加工室などでは一般の調理台をこうじつくりの作業台にすることが多いが、台が発酵機から遠かったり、台の高さが高すぎたりすると、こうじをのせるのも手入れの作業を行なうのも大変になる。できれば作業者にとって使いやすい作業台を用意しておきたい。

　理想的な作業台はテーブルの大きさが90×１８０cm、高さが80cmくらいで、さらにテーブルの縁が堰堤状に4～5cm高くなっているとよい。縁を高くすることにより、こうじが台の外にこぼれにくくなる。多目的のステンレステーブルでは恒久的な縁を取り付けることができないので、テーブルの長短の長さに切った垂木をガムテープで固定し、その上に綿布を敷く。このような作業台を用意しておけば製麹作業が効率的に行なえる。

Q㉖ 毛足が短く軽いこうじをつくるには、米の水切りが重要と考え、遠心脱水機にかけたこの米を蒸熟後、種付けして発酵機に引き込んだがこうじが動かない（増殖しない）

A 脱水機は原因ではない。工程と温湿管理の見直しを

　毛足が短く軽いこうじにこだわったというが、毛足の長さはこうじ菌の種類の問題であり、水切りの良し悪しとは

関係がない。種こうじメーカーや販売店に問い合わせ、適切な種こうじ菌を選択することをおすすめする。

米の浸漬後に水をよく切るため脱水機にかけるのは水切りの理想で、これが原因でこうじが増殖しなくなることはない。こうじが動かない（増殖しない）原因は、種付けから引き込みに至る間の工程、あるいは発酵機の温湿度設定などに問題があると考えられる。この工程を調査し、原因解明を図るべきだろう。

出麹

Q27 こうじから納豆のようなにおいがする

A 納豆臭がして糸をひいたら廃棄する

こうじが納豆臭くなるのは納豆菌によるものと思われる。こうじが糸を引くようなら、すみやかに廃棄し、発酵機を完全に洗浄・殺菌する必要がある。この納豆菌の問題については作業者全員の意識を全面的に変えることが重要。納豆菌はごく微量入り込んだだけでも増殖するので、こうじづくりの期間中、作業者は納豆を食べたり、さわったりしてはいけない。また納豆菌の混入リスクを避けるために、こうじづくりに関わる作業者の数はなるべく少ないほうがよい。

納豆菌は味噌の中では増殖できない（酸素がなく塩分濃度が高いため）ので、こうじがわずかに納豆臭い程度なら味噌に仕込むことも不可能ではないが、あまりすすめられない。質の悪いこうじでも味噌はできると考え、適正な管理を行なわないこうじづくりに慣れてしまうと、味噌づくりの工程管理、保管、発酵・熟成管理、包装・出荷管理なども不適切となり、品質・衛生的に劣る味噌を製造することになるからである。

Q28 42℃の蒸し米を発酵機に入れたところ、干し飯のように乾燥してこうじにならなかった

A 発酵機への引き込み時に温度が高すぎた

蒸し米の温度が高すぎて、温度を下げるための送風用ファンが長時間回り続け、乾燥した外気が導入され続けたため、蒸し米が乾燥しすぎてしまったものと考えられる。蒸し米を発酵機に引き込む際には、蒸し米の温度を測定し、発酵機の温度設定（30〜36℃）の範囲内に収まっていることを確認することが大切である。

▼使えるかどうか簡易試験によって判断

バリバリに乾燥した部分がこうじの底部に薄く広がっている程度なら、こうじ全体に混ぜ込んで味噌に仕込むこと

が可能だ。乾燥部分が多いときは、こうじの簡易試験（河村氏法）を行なって糖化力を調べ、こうじとして利用できるかどうかを判断する。

Q 29 こうじの色がやや黒っぽくなった

A こうじ菌自体の作用で黒くなることがある

正常につくられたこうじでも、他のこうじに比べると薄黒くなることがある。こうじ菌は、その種類によって、こうじが真っ白になる菌もあれば、少し薄黒くなる菌もあるからだ。

このようなこうじ菌の種類による色の違いであればとくに気にする必要はない。

▼分解酵素によるもの

ずっと同じこうじ菌を使っているのに前回よりも色が黒くなったという場合は、こうじが生成する酵素の影響が考えられる。

こうじは糖化酵素（アミラーゼ）とタンパク質分解酵素（プロテアーゼ）を生成する。こうじを40～45℃以上の高温環境におくと、糖化酵素の働きによってデンプンが分解され、ブドウ糖と水が発生すると同時に、タンパク質分解酵素によってタンパク質が分解されアミノ酸が生成される。このブドウ糖とアミノ酸が反応して褐色の物質がつくられるため、こうじが黒くなったように見えるのである。

▼味噌用こうじとしてなら問題なく使える

色が黒くなったこうじは、雑多な微生物が増殖するにも都合のよい栄養素をたくさん持っている。このため用途によっては使えない場合もあるが、味噌の材料とするなら大きな障害にはならない。

雑多な微生物が増殖をはじめる前に、蒸煮したダイズと混ぜ、食塩を加えて仕込めば、よい味噌ができる。

Q 30 こうじがべちゃべちゃになった

A 原料，水切り，蒸熟，冷却の工程を見直す

こうじがべちゃべちゃと水っぽくなる原因は、水洗時の水切り不足や不適切な蒸し方などに起因する水分過多にあると考えられる。

主なチェックポイントを挙げておく。

【米粉や微細砕米は取り除く】米粉や微細砕米が混入していると、水分過多やもち状の蒸し米になりやすい。米粉や微細砕米はふるい分けして原料米から取り除いておく。

【水切りは小さなザルで】不十分な水切りも水分過多の原因。大きなザルは下部の水切れが不十分になりがちなので、

小さなザルを必要な数だけ用意して、水洗いの際の水切りをよくする。

また水切り後に米を乱暴に扱うと表面が削れて米粉ができ、べちゃべちゃなこうじの原因になるので水切り後の米の扱いはていねいに。

【蒸す際の蒸気は強く】蒸気が弱いと米の中に水がたまりやすい。強い蒸気にして米の中にたまる水の量を少なくする。

【蒸し米は手早くほぐす】蒸し終わった米を冷却する際、ほぐしに時間をかけると米の中に水分が多く残るので、蒸し上がったら手早くほぐし、余分な水分が残らないようにする。

【発酵機の容量を守る】発酵機に容量以上の蒸し米を入れてこうじづくりをすると、水分調節がうまくできなくなる。発酵機の能力に合った分量を守ることが大切だ。

▼水分過多でも味噌に仕込めば問題ない

水分過多になったこうじは、こうじの品質としてはよくないものの、味噌つくりの原料としては大きな障害とならない。すぐに味噌に仕込めないときは、冷凍保存するか塩切りこうじとして保存する。こうすれば雑多な微生物が増殖することはない。こうじ菌以外の雑多な微生物が増殖したときには食品原料として使うことを避ける。

Q31 できあがったこうじが非常に甘い

A 品温上昇によりデンプンの糖化が進んだ

こうじ菌の繁殖後に品温が高めに推移したために、こうじ菌が生産した糖化酵素によって蒸し米のデンプンの糖化が進んだと考えられる。品温が適切（30〜40℃）に保たれていれば、出麹の段階ではわずかな甘味を感じる程度だが、40℃を超える状態が長く続くと糖化酵素によるデンプンの糖化が進み、最終的には甘酒状態になる。米こうじは麦こうじに比べると発熱量が少なく、発酵機の冷却機能が正常なら40℃を大幅に超える温度上昇は考えにくいが、ファンの設定温度が高すぎたり、ファンやサーモスタットが故障した場合は適切な冷却が行なわれず、このような現象が起きることがある。また冷却機能が正常でも、発酵機周辺の気温が高すぎると外気を導入しても十分に冷却できず、高温状態が続くこともある。

▼まずは冷却機能の点検を行なう

対策としては、まず発酵機の設定温度を確認。マニュアルにある温度より高くなっていたならばマニュアルに記してある温度設定にする。その際に、ファンが正常に稼働するか、サーモスタットが正常に稼働するかも確認しておくこと。また発酵機の設置場所の気温が高くなりすぎることが原因の場合は、より涼しい場所に移動したり、通風を確保するなど、品温が上がりすぎないための対策を行なう必要がある。

Q32 発酵機を利用してつくったこうじの一部が赤くなった

A バクテリアの侵入が原因。適切な衛生管理を

バクテリア（細菌）の繁殖によるものと思われる。以前、農家が発酵機を利用してつくったこうじの一部がオレンジ色から赤色になったものを調べたところ、バクテリアが生育していた。このケースでは、発酵機を設置した加工室内の整理・整とん、外部からの汚染物質の持ち込み防止、作業時の異物混入対策といった適正な衛生管理がなされていなかった。そのために外部の空気が何の措置もされずに加工室内に入り、バクテリアの混入を招いたのである。

この加工室は作業人数も多く、適切な作業衣も着用していなかった。こうじをつくるときには作業空間および作業者の衛生管理を徹底し、雑多な微生物の混入を防ぐことが大切である。

Q33 こうじを冷蔵保存していたが、中に青カビのボールができた

A こうじの長期保存は冷凍が原則。味噌用なら「塩切りこうじ」も

こうじつくりの工程で混入した青カビが長期間の冷蔵保存中に増殖し、ボール状のコロニーをつくったものと考えられる。こうじづくりにおいては、衛生管理を徹底して微生物汚染を防ぐことが何より大切といえる。

また、保存期間が1週間程度ならポリエチレン袋に入れて冷蔵保存でもよいが、それを超えるときは冷凍保存することが必要。

こうじを味噌に使うなら、塩を振って「塩切りこうじ」にしておくと雑多な微生物の生育・増殖は抑えられるが、塩切りこうじにしても糖化は進むので、保存するときは冷蔵または冷凍が必要になる。

小型発酵機を利用した味噌用麦こうじづくり

【麦こうじづくりポイント】

・15kg用小型発酵機を活用して麦こうじづくりを行なう
・短時間で吸水するため浸けすぎに注意。水温15℃なら浸漬2～3時間
・発酵中は品温が上がりやすい。手入れはこまめに

麦こうじづくりの基本

●ムギならではの特性に留意する

米こうじに引き続き，15kg用の小型の発酵機を使った麦こうじづくりの勘どころを述べていく。

基本的なつくり方は米こうじと同じだが、ムギという素材ならではの特性により、異なる点もいろいろある。とくに浸漬時間、吸水したときの膨らみ方、発酵中の品温の上がり方などには留意しなければならない。ここでは基本を述べるので，あとは、よいこうじづくりをめざして、この本をお読みの皆さんに試行錯誤を試みていただきたい。

●神奈川の農家では麦味噌が主流だった

神奈川県の農業総合研究所に勤務していた私は、昭和50年代前半（1975～80年）に県内の農家の自家製味噌の品質調査を担当し、実際に当時の農家の味噌づくりの現場を自分の目で見て歩いたことがある。

現在は神奈川県でも米味噌を購入している農家が多いが、かつては、相模原のような水田のない畑作地域ばかりでなく、米が穫れる地域であっても、県内の農家が使う味噌は麦こうじを使った麦味噌を主としていた。

麦味噌には、こうじの量の多い甘口味噌と、こうじとダイズが同量、もしくはこうじの量が少ない辛口味噌があるが、かつては麦味噌に用いられるオオムギが麦飯として主食の一部を構成していたこともあり、こうじ歩合の低い辛口の麦味噌が主流であった。また、仕込み後3～4年熟成させてから食べられることが多く、長期熟成しても極端な変質がないように塩分濃度を高くした塩辛い味噌が多かった。

当時の調査記録では15～18％の塩分を含む麦味噌があった。これは現在の標準的な辛口麦味噌の塩分濃度（12～13％）と比べてかなり高い。即断はできないが、このような味噌の塩分濃度の高さには、単に保存性を高めるだけで

なく、当時の過酷な労働で失われる塩分の補給源としての意味もあったのかもしれない。

●3日がかりだった麦こうじづくり

調査のため訪ねた神奈川県寒川のある農家では、当時もまだ昔ながらの方法を守って麦こうじをつくり、味噌を仕込んでいた。家族全員、自家製の麦味噌でないと味噌という気がしないということで、買い味噌にせず、自家製の麦味噌にこだわってつくり続けていたのである。味噌仕込みは家族内で役割分担されており、麦こうじづくりは祖母の仕事とされていた。

こうじづくりは3日がかりの作業であった。納屋の土間にわらむしろを敷き、蒸したムギに種こうじ菌を振り込んで種付けし、小山のように盛り上げる。この麦山を、むしろとござで包んでこうじ菌を繁殖させ、切り返しと手入れを繰り返す。こうじの発酵熱を放散するために、盛り上げた麦山を徐々に崩して押し広げていくので、できあがったときには納屋の土間全体に麦こうじが広がっていた。当時の麦こうじづくりはなかなか大変な作業ではあったが、つくり方そのものはシンプルで、温湿度管理などのポイントをきちんと押さえれば、どの農家でもつくることができた。現在、私たちの手元には高性能なボイラーや自動発酵機など作業を効率化する便利な道具がいろいろ揃っており、当時と比べるとはるかに簡単につくれるようになっている。

麦こうじの原料

●ムギ

ムギにはオオムギとコムギがあるが、麦味噌にはオオムギが用いられる。オオムギは六条オオムギと二条オオムギに分けられ、六条オオムギは皮ムギ（小粒オオムギ）とハダカムギ、二条オオムギはビールムギと食用オオムギ（大粒オオムギ）に分けられる。こうじ原料のムギは、精白して糊粉層《こふんそう》（ぬか）を除いたものを使わねばならないので、六条オオムギのハダカムギ、あるいは二条オオムギの食用オオムギ（大粒オオムギ）を使うことになる。

一般的には精白されたオオムギを麦こうじの原料として購入するが、購入時には細かい品種名まではわからないことが多いので、どの品種がこうじに向くかということは明確にはなっていない。

なお、ムギの形状は、オオムギの粒をそのまま精白した「丸麦」、粒に蒸気をかけてローラーで押し潰した「押し麦」、粒を縦に切断した「米粒麦」がある。いずれもこうじ原料に使えるが、それぞれの特性を理解し、水浸け時間や蒸熱時間の長短を調節して進めなければならない。

ムギの形状による使い方の違いについては後述する。

●種こうじ

市販されている種こうじには米味噌用、麦味噌用、醤油用、甘酒用などいろいろの特性をもったものがある。小型発酵機用に少量が包装されているものもあるが、原料２００kgに必要な量の種こうじ（40ｇあるいは２００ｇ程度）が包装単位となっていることが多い。このような一度に使いきれない量の種こうじを入手したときは、使いやすい分量ずつポリエチレン袋に小分けし，吸湿しないようにして冷蔵庫に保管する。

麦こうじの製造工程

原料量と仕上がりのこうじ量および製造工程を図１（次ページ）に示す。

浸漬

●吸水が速いので浸けすぎに注意

精白したムギはよく洗い、ふすまや異物の除去を完全に行なう。次にムギを水に漬けて吸水させる浸漬を行なうが、ムギは米に比べて早く吸水が完了するので、浸けすぎないよう注意すること。浸漬の目安としては、ムギ粒を手に取り、爪先で押し切れる程度に吸水していればよい。

吸水時間は水温やムギの加工法、粒の大きさ、精白度合いなどによって変わる。丸麦の場合、水温が10℃以下で４～６時間、15℃内外では２～３時間が目安となる。20～30℃なら１時間以内で十分である。押し麦や米粒麦は丸麦よりさらに吸水時間が短い。押し麦は水温15℃で１～２時間、米粒麦の場合はさらに短く、水温15℃で30分～１時間が目安となる。

水切り

●水切りは浅く広げて30分。かき混ぜない

吸水したムギをザルに上げて，30分くらい水切りする。ザルの大きさ・深さによって水の切れ方が変わってくる。大きくて深いザルいっぱいにムギを入れると、下のほうのムギの周囲に水が残り、水切りが不十分になりやすい。複数のザルに分けてムギの厚みを減らしたほうが水の切れはよくなる。ザルは水切り用のものなら材質は問わないが、大きさと形には注意が必要である。「手付き米揚げザル」として販売されている容量１斗～１斗５升くらいの手付きザルが使いやすい。

図１　麦こうじづくりの工程

［原料と配合割合、仕上がり量］
原料：ムギ（精白丸麦）13kg、種こうじ（麦味噌こうじ用）13ｇ
仕上がり量：14kg

時期	工程	内容
	水洗い	ムギは表面が軟らかいので、手早く洗う
	浸漬	水温15℃内外ならば、２～３時間
	水切り	ザルに上げて水を切る。深いザルは水がたまるので注意
	蒸し器で蒸す	芯がなくなるまで蒸し、ムギをひねって確認
	冷やす	作業台でかたまりをほぐし、35～40℃まで冷却
	種こうじを接種、混合	種こうじは全体に、均一に付ける
	発酵機に取り込む	35℃以下なら、36℃に設定した発酵機の中に取り込む
取り込み後20時間	切り返し	こうじのかたまりをほぐし、上下を攪拌し、発酵機にもどす 温度が設定温度を超えるようだったら、適宜手入れをする
切り返し後５～６時間	手入れ	こうじのかたまりをほぐし、上下を攪拌し、発酵機にもどす 温度が設定温度を超えるようだったら、適宜手入れをする
取り込み後42～45時間	出麹	発酵機より取り出し、かたまりをほぐしながら、冷却する

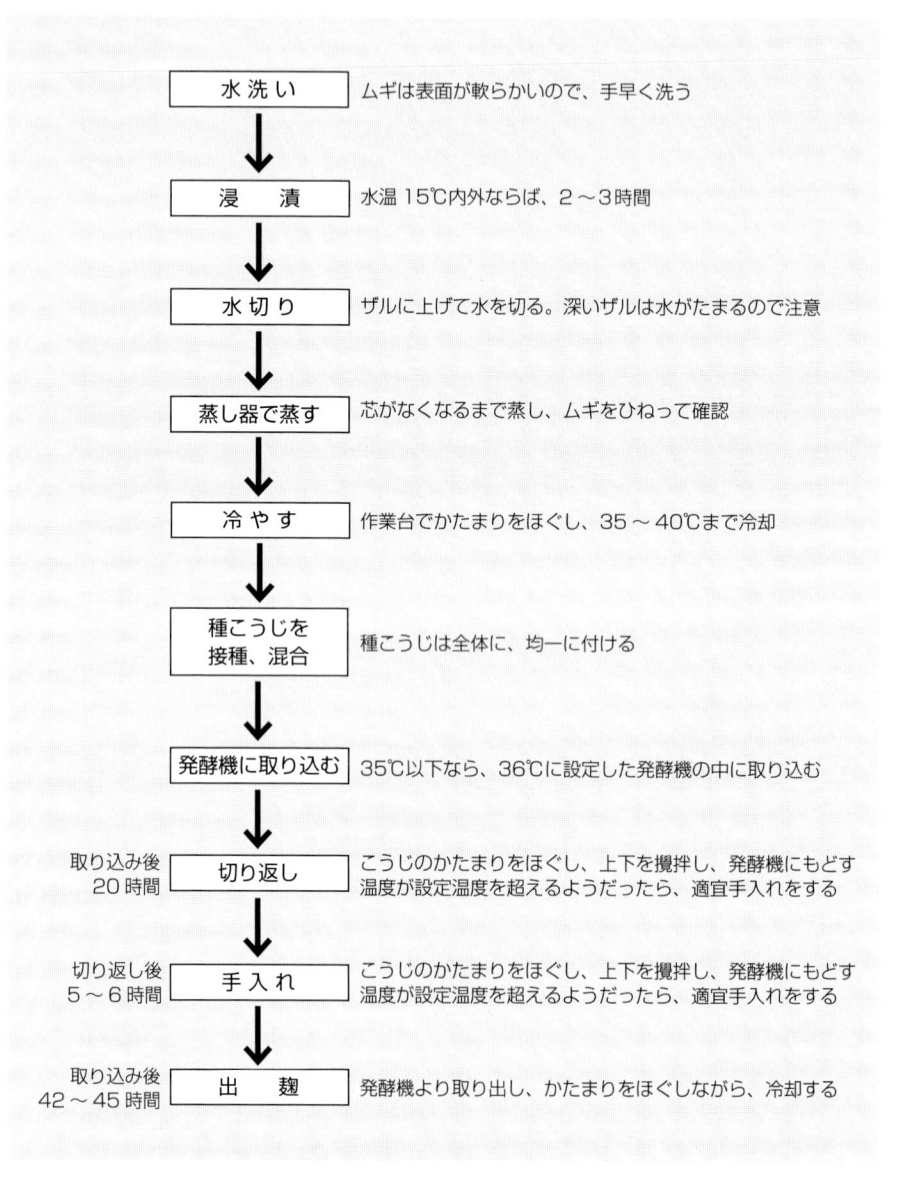

水切りが悪いまま蒸し上げると、ムギの水分が多くなり、本来なら弾力のある蒸しムギがベチャッとしたものとなる。ムギが潰れて製麹操作がしにくいだけでなく、できあがりのこうじも水分の多い軟らかいものになってしまうので注意したい。なお、水を早く切ろうとザルの中でムギをかき混ぜたり、上下を返したりするのは禁物。軟らかくなったムギの表面が削れて粉となり、蒸したときのべたつきの原因になる。

蒸し（蒸きょう）

●ムギは米よりも膨張率が高い

浸漬により吸水したムギは米に比べて大きく膨らむ（膨張率が高い）。そのため原料ムギ15kgに吸水させると、米15kg用の蒸し器には入りきらない可能性がある。無理に詰め込むと蒸気が抜けるすき間がなくなり、蒸しがうまくいかなくなるので詰め込まないこと。蒸し器に入りきらない場合は、蒸しを2回に分けて行なうか、最初から原料のムギを1～2割減らして、13.5～12kgで製麹するとよい。

●蒸しは「強い蒸気」で30～40分

水切りしたムギを蒸し器に入れ、セイロ蒸し器の最上部から強い蒸気が吹き出してから30～40分間蒸す。蒸し上がったムギは「フンワリ」として芯まで熱が通っていなければならない。蒸し加減はムギ粒が半透明になり、指で押すと弾力があり、ひねり潰したときに芯がなく、もち状になればよい。

蒸気の強さは、蒸し器にかけてからすぐにセイロの上部から蒸気が噴き出してくる程度に強くすること。蒸気噴出まで数分かかるのは弱すぎる蒸気といえる。蒸気を強くできないときは蒸し時間を延ばして調整するが、弱い蒸気で長時間蒸すと水分が多くなり、ベチャッとしたこうじになるので、なるべく強い蒸気を用いることが重要である。

冷却

●蒸しムギのかたまりをすみやかにほぐして冷却

蒸し上がったムギを作業台の上に取り出してほぐし、35～40℃に冷やす。蒸し器から出したばかりの蒸しムギは、蒸し器に入っていた状態のままのかたまりとなっているが、手早く小さなかたまりに分け、水分を飛ばしながら、できるだけ粒がバラバラになるようにほぐしていく。

米こうじの項でも紹介したように、作業台は広さ90×180cm、高さ80cmで、テーブルの縁が4～5cmの堰堤状になった専用の台を用意しておくと作業効率が上がる（40ページ参照）。

写真１　冷却

写真２　種付け

種付け

●ムギ粒をよくもみ込んで種付け

蒸しムギをよくほぐして品温が下がったら、種付けを行なう。まず一握りの蒸しムギを手に取り、種こうじを振りかけてもみ込む。こうして種こうじがしっかり付いた蒸しムギをつくり、これを全体にばらまいて攪拌する。続いて、ムギ粒に傷をつけるように手でもみながら、全体にこうじを広げていく。種こうじを全体に振りかけてもよいが、この方法のほうがむらを少なくすることができる。

このとき、必ずしも全部のムギ粒に種こうじを付けねばならぬと意気込んで作業する必要はない。この時点では蒸しムギが多少の粘りをもっており、ムギ粒が完全にバラバラにはならないからだ。全体として種こうじ菌が大きなむらになっていなければよい。

引き込み

●品温30～35℃で発酵機に引き込む

種付けを終えたら、発酵機に引き込む。引き込み時の品温は製麹方式によって若干の違いがあるので、発酵機を利用するときは取扱説明をよく読むこと。麦こうじの解説がないときは、米こうじのつくり方に準じて温度管理を行なう。発酵機（ヤヱガキ製）の場合、品温が36℃以上になると温度を下げるためのファンが回り、発酵機内に外気が導入される。外気導入が長時間にわたると、外気が直接当たる下部のムギが乾燥することがあるので、引き込み時の品温はあまり高くしないほうがいい。30～35℃が理想的。

切り返し

●18～20時間をめどに切り返し

昔ながらのむしろや麹蓋を利用する製麹法では，引き込み後、切り返し、盛り込み、一番手入れ、二番手入れ、積み替えなどの作業が必要。とくに二番手入れ後の積み替えが大変で、積み上げた麹蓋一枚一枚の角度を変えたり、上下を入れ替えたりする必要があった。しかし発酵機を使うと、こうした積み替え作業も不要で、かなり省力化される。

引き込み後、時間が経つとこうじ菌が繁殖し、全体の温度が上がりはじめる。18〜20時間くらい経過してこうじの香りが漂ってきたら、ムギを発酵機から取り出し、作業台の上でかたまりをほぐす「切り返し」作業を行なう。

発酵機から出した直後は全体が容器の形状にかたどられた立方体のかたまりとなっている。これを手でもみほぐし、一粒一粒バラバラにするとともに、こうじ菌をすべてのムギ粒に付着させる。全体の温度や水分が均一になり、こうじ菌に空気が行きわたるので、こうじ菌が活発に繁殖をはじめる。

手入れ

●品温をチェックし臨機応変に手入れをする

切り返し後5〜6時間が経過したら、1回目の手入れを行なう。こうじのかたまりをほぐし、上下を撹拌してから発酵機にもどす。気温が低いときは、品温が下がりすぎないよう手早く行なうこと。

なお、麦こうじは米こうじよりも発熱が多いため、場合によっては5時間もたたないうちに品温が38℃、あるいは40℃の設定温度を超える状態になることがある。外気導入のファンが回ってもすぐに温度が下がりそうもないときは、すぐに発酵機から取り出し、手早く手入れを行なって品温を下げる。その後も発酵機内の温度を監視し、上昇してきたら手入れを行なって下げるという臨機応変な工程管理が必要となる。米こうじはだいたい2回の手入れですむが、麦こうじの場合はこのように温度上昇次第で手入れの回数は増えてくる。

出麹

●42〜44時間で出麹が目安

通常は引き込み後42〜44時間でこうじができあがる。この時間を目安に自分の目でこうじの状態を観察しながら、出麹とするかどうかを判断する。

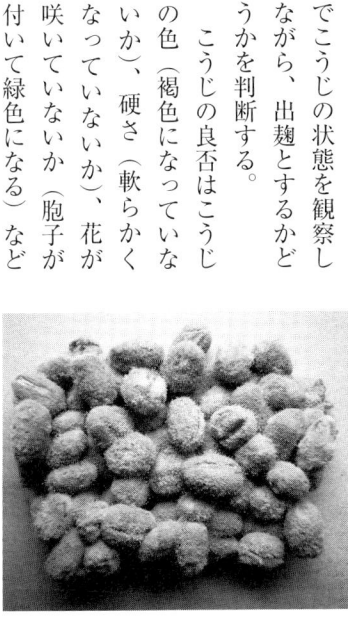

こうじの良否はこうじの色（褐色になっていないか）、硬さ（軟らかくなっていないか）、花が咲いていないか（胞子が付いて緑色になる）など

写真３　麦こうじ

で判断する。褐色のこうじや軟らかいこうじは、製麹中の温度が高かったことにより、糖化が進んでしまったものである。

胞子が付くのは、こうじ菌の繁殖が進みすぎて、使用に適切な時間をすぎてしまった（ひねこうじ）ことを意味する。

製品の保存・出荷

味噌に使う場合は出麹の直後に煮ダイズ、食塩と合わせて仕込むのが最もよいが、すぐに味噌に仕込めない場合は、食塩を混合し、塩切りこうじにしておく。

加える塩の量はこうじ重量の20％程度。塩分を加えることにより、こうじが雑多な微生物に汚染されるのを防ぐ。清潔なポリエチレン袋に入れ、5℃で冷蔵すれば1週間、冷凍すれば数か月程度は、こうじの酵素活性を落とすことなく保存できる。

麦こうじを分譲・販売するときは、必要量をポリエチレン袋に入れ、冷蔵あるいは冷凍した状態で渡すこと。宅配便などを利用するときは、冷蔵便や冷凍便とする。常温で流通させるとこうじ菌が活発に活動し、温度が上昇するとともにひねこうじになるおそれがある。

麦こうじ Q&A

原料・素材

Q 01 残った原料（精白ムギ）を紙袋に入れ冷蔵庫に保管しておいたら青カビが生えた

A 冷蔵庫で保管してもカビは生える

残った精白ムギを冷蔵庫で保管すること自体は適切だが、家庭用冷蔵庫や農家が野菜用に導入した冷蔵庫は、機械性能あるいは庫内の位置によっては湿度が高い場合があるため、防湿素材を用いた容器に入れておくことが望ましい（穀類専用の冷蔵庫なら適切な湿度状態に保管できる）。

防湿性のない紙袋に入れて冷蔵保管した場合でも1週間程度なら問題はないが、1か月あるいは半年といった長期になると、紙袋を透過して湿気がムギに吸着し、カビを発生させる。

カビの増殖が著しい場合にはこうじ原料としての適性は失われており、廃棄するか、食品以外の用途に利用するしかない。カビの発生した原材料を使うことは加工室にカビを持ち込むということであり、こうじの品質問題だけでなく、加工室の微生物汚染という新たな問題も生じてくる。

▼見通しある製造計画で，半年以上の保存は避ける

原料のムギが残った場合には、吸湿しないようなポリエチレン袋に入れ、しっかり口を閉じて冷蔵庫で保存すれば、半年から1年は品質を維持できる。

とはいえ、精白ムギを長期間保存することは品質だけでなく経済性の点からも好ましいことではない。原料の入手、使用は計画性をもって過不足のないように行なうべきだろう。

ムギの浸漬

Q 02 丸麦にかえて押し麦を使ったが、うっかり予定より長めに浸漬（15℃で3時間）してしまった

A 原材料として使える。扱いをていねいにして水切りは十分に

吸水時間が長すぎたため、必要以上の水分を吸収していると思われるが、吸水した水を抜くことはできないので、

そのまま作業を進める。

過剰に吸水させると容器の中でムギが膨張し、粒同士がくっついてしまう。容器から取り出したらムギの表面を崩さないように気をつけながらよくほぐすこと。また水切りはしっかり行ない、できるだけ水分を減らしておく。

蒸した後の冷却時には、蒸しムギをよく撹拌して表面の水分を飛ばすようにするとよい。ただしこのときも、やたらに手を入れるとムギの表面が崩れるので注意すること。

Q 03 15㎏のムギを水に浸けたら、米こうじのときに使った15㎏用の蒸し器に入らない

A ムギは米よりも膨張する。2回に分けて蒸す

ムギは米よりも吸水時の体積膨張が大きいため、浸漬した米15kg分で一杯になる蒸し器に、浸漬したムギ15kg分は入らない。最初からこうじにするムギの量を減らしておくか、2回に分けて蒸すしかない。

無理に蒸し器に詰め込むことは、均一な蒸し上がりの妨げになるので絶対にしないこと。

蒸し

Q 04 ボイラーを500~750㎏/時間の大型に交換したのだが、今までと同じバルブの開け幅で原料を蒸したら熱がかかりすぎてしまった

A 計器類の確認と記録を習慣づけよう

蒸す際の蒸気が必要以上に強すぎると、ムギが軟らかく潰れやすくなり、多少その後の作業がしづらくなる。とはいえこうじがつくれないわけではないので、粒を潰さないように手早く作業をすることだ。

このように機械設備を変更したときは、作業上の違いに十分注意しなければならない。導入直後はこうした思い込みによる誤操作のほか、事前の予想と違った現象も起こりやすいので、試運転時に操作に習熟しておくことが大切である。

また使いはじめからしばらくの間は計測機器・ゲージ類をこまめに確認し、状態変化の記録をつけておきたい。恒温槽や自動発酵機などボイラー以外の装置についても、使用のたびに設定温度と実際の温度変化、その他気づいた点を記録に残しておくことが望ましい。

いずれにしても普段から計器類をきちんと確認する習慣を身に付けておくことが大事である。

Q 05 蒸しあがったムギに芯はないが、軟らかくて水分が多い。蒸し加減が適正かどうかをみるのにどうすればよいか

A ムギ粒を親指と人差し指で挟んで確認

蒸しムギ1粒を親指と人差し指で挟んで、グッと力を入れると、ふっくらとした弾力がわかる。また、指先の力を抜きムギを動かしたときに、指にへばりつくことなく外れるものは、表面のべとつきがないと判断できる。

▼べとつかず弾力のある蒸しムギが理想

ちょうどよい蒸し加減は、ムギがあめ色に変色し、ふっくらとして弾力があり、表面がベトベトしないものである。蒸し上がったムギの中心部にある白い斑点が大きく残るものは吸水不足。

逆に水分過多の場合は、表面に糊をつけたようにベトベトしてくっつきやすく、指先でつまむと簡単に潰れる。浸漬時間が長すぎる、浸漬時の水温が高い、水切りが不十分、弱い蒸気で蒸した、などの場合は水分過多になりやすい。

Q 06 弱めの蒸気でちょっと長めに蒸したら、ムギがべちゃべちゃになってしまった

A 蒸気はすぐに上部から噴出する強さで

蒸きょう時の蒸気が弱いと、蒸気が抜けずにムギの中で結露するため、ムギの水分がドンドン増えていくことになる。蒸気には低温・低圧の湿った蒸気と高温・高圧の乾いた蒸気があり、ムギを蒸すときは乾いた蒸気となるよう蒸気圧を調節して蒸し上げる。

判断の基準は、蒸きょう開始後、すみやかに蒸し器の上部から蒸気が噴出するかどうか。蒸し器にかけてから蒸気が噴出するまでに何分もかかるようなら、明らかに蒸気が弱いということである。

種付け

Q 07 多目的のステンレステーブルを作業台にしているが、蒸しムギをほぐすときや手入れのとき、ムギが作業台からこぼれ落ちる

A 縁を高くした専用台を用意するとよい

平らなテーブルの上に粒状の蒸しムギや麦こうじを広げて作業すれば、何かの弾みで端のほうからこぼれ落ちても

不思議なことではない。

これを避けるためには、作業台の縁を高くしておくとよい。具体的には、太さ4〜5㎝の垂木を用意し、テーブルの天板サイズに合わせて切る（必要な垂木は縦2本、横2本の計4本。うまくテーブル上隅に配置できるように長さを調整すること）。これをテーブルの隅に城壁のように並べて、両面テープなどで固定する。その上に綿布を敷いて作業すれば、縁が一段高くなっているので、蒸し米や蒸しムギがテーブルからこぼれ落ちるのを防いでくれる。

引き込み・手入れ

Q 08 種付け後、発酵機に引き込んだが、温度が下がるばかりで発酵している様子がない

A まずは電源、スイッチ、温度設定を確認

発酵機のヒーターが働いていないと思われる。まずは、電源プラグがきちんと接続されているか、ヒーターのスイッチを入れ忘れていないか、温度設定が適切な温度に設定されているかの3点を確認する。これらに問題がないなら、ヒーターあるいは温度センサーの故障と考えられる。ヒューズの交換程度なら自分でできる場合もあるが、原因がわからないときは業者に修理を依頼するしかない。

▼ヒーター故障なら発酵機を保温器として利用

スイッチの入れ忘れや温度設定のミスなどが原因の場合は、正常に稼働できるようになったら、発酵機の力で温度を上昇させ、時間遅れでこうじつくりを行なえばよい。

一方、ヒーターやセンサーが故障しているときは、修理ができるまでの間、発酵機を保温器として活用する。具体的には、湯たんぽや温水を入れたペットボトル、電気毛布などを使って保温機内の蒸しムギの温度を適切な温度まで上げて、こうじ菌の増殖を促す。こうじ菌が増殖してくると繁殖熱によって温度が上がるので、加温の必要はなくなる。あとは適宜、手入れを行なってこうじをつくりあげる。

Q 09 手入れをしても、しばらくすると発酵機の温度が40℃以上に上がってしまう

A 40℃になったら、何回でもすぐに手入れを

手入れ後またすぐに品温が上がるのは、こうじ菌の増殖が盛んな証拠といえる。麦こうじは増殖時の発熱量が多いため、米こうじよりも品温が上がりやすい。温度をまめにチェックし、40℃を超えてきたらすぐに手入れを行なって、品温を下げると同時に水分を蒸散させる必要がある。手入れはあくまでも発酵機内の温度によって行なうものであり、前回の手入れからそれほど時間がたっていなくても、

またこれで何回目であっても、40℃になったら手入れを行なう必要がある。

Q10 発酵機に入れた蒸しムギがバリバリに乾燥してしまった

A 品温が高いまま放置したのが原因

品温が高すぎて送風用のファンが回り続けたために、蒸しムギの乾燥が進んでしまったものと思われる。引き込み時の品温が高すぎた場合や、こうじ菌の増殖に伴う発熱に適切な手入れを行なわなかった場合になりやすい。品温が36℃を超えるとファンが回り出す場合は、引き込み時の品温を35℃以下にしておくこと。またその後は、品温が36℃を超えてファンが回り出したらすみやかに手入れを行なうことで、蒸しムギ・麦こうじの乾燥は避けられる。

▼酵素力が弱い麦こうじとして使う

乾燥した蒸しムギにはこうじ菌が繁殖しないため、こうじとしての役割を果たすことは期待できない。とはいえあきらめるのはまだ早い。かりにパリパリに乾燥したのが蒸しムギ全体の50%にとどまり、残りの50%にはこうじ菌が増殖しているなら、全体としては「酵素力の弱い麦こうじ」になったと考えることができる。これを味噌仕込みに使った場合、発酵にかかる時間や風味などは通常とは異なる可能性があるが、味噌にならないということはない。

まずはこれ以上乾燥が進まないように管理しながら、こうじを完成させることである。

出麹

Q11 出麹のとき、こうじが褐色になっていた

A こうじが40℃以上になると褐色物質ができる

発酵機の中の温度が高くなると、こうじが生産した酵素によって多糖類（デンプン）が分解されて単糖類（ブドウ糖など）になり、タンパク質はアミノ酸に分解される。この単糖類とアミノ酸が反応すると褐色の物質（メラノイジン）がつくられ、こうじの色も褐色になる。

このように褐色になるのはこうじ自身の酵素の働きによるものであり、他の微生物等に汚染されたわけではないので、当然、味噌の仕込みに使うことはできる。ただし褐色素によって味噌のほうも着色されるため、赤褐色の味噌になることは覚悟しなければならない。こうじを褐色にしないためには、品温が上昇してきたら適切に手入れを行ない、品温を40℃以上にしないことである。

Q12 出麹のとき、こうじがベトベトしていた

A 手入れ不足が原因。味噌仕込みに使うのは問題ない

発酵機の中の温度が高くなると、こうじの酵素によって多糖類が分解されて単糖類になるが、この分解反応のときには水分も出てくる。この水分がこうじに残ると、質問のようにベトベトしたこうじになる。品温が上がってきたら適切なタイミングで手入れを行ない、温度を下げると同時に水分を蒸散させることを心がけていれば、こうじがべとつくことは避けられる。微生物等の汚染はなく、酵素力は十分あるので味噌の仕込みに使ってかまわない。ただし、こうじの水分が多い分、味噌がゆるくなりやすいので、味噌仕込み後には、重石をかけてしみだしたたまり液を取り除き、味噌がゆるくならないよう気を付ける。

こうじの保存

Q13 予定していた味噌の仕込みがすぐにはできなくなった。つくったこうじをどう保存したらよいか

A 塩切りこうじにすれば常温で保存可能

一週間以内なら清潔なポリエチレン袋に入れて冷蔵保存すればよい。それ以上の長期保存なら冷凍すること。

また、つくったこうじをすべて味噌に使うのであれば、味噌に使う塩の一部をこうじに混ぜ込み、塩切りこうじとすれば常温で保存できる。

Q14 出麹後に常温に置いておいたら、温度が上がってひねこうじになってしまった

A 出麹直後の手入れが大事

出麹後は、すぐに手入れを行ない、かたまりになっているこうじをほぐして温度を下げておかなければならない。「どうせすぐ仕込みに使うから」などと、手入れもせず1～2時間放置すると、こうじ菌の活動が活発になり、みるみるうちに胞子が付いて緑色に変化することがある。短時間であっても油断せず、適切な手入れを行なうことが大切である。

出麹直後の品質のよい状態を保つために、かたまりをほぐして温度を下げ、熱がたまらないように広げておくとよい。

なお、ひねこうじになっても味噌仕込みには使える。ただし味噌の色が暗色化するので、色の薄い味噌にしたいときは使わないこと。

PART 2

味噌（米味噌）

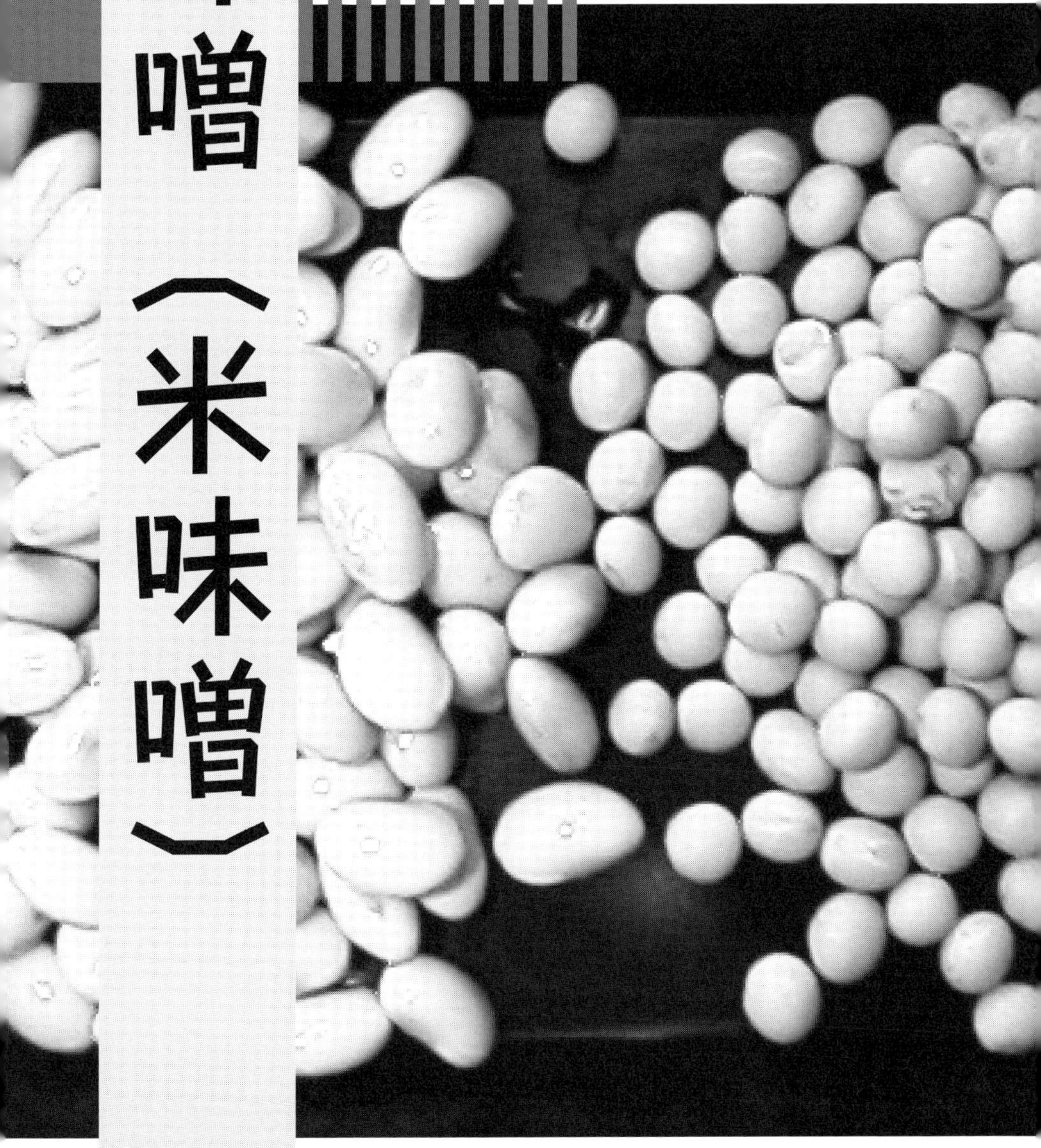

おふくろの味 米味噌づくり

【米味噌づくりポイント】
・風味を上げる工夫として種味噌を活用
・ダイズ品種は、味噌の色とてりがよく、味噌適性に優れる津久井在来種
・米とダイズは1対1の信州味噌仕込み

●味噌のさまざまな種類

ダイズと米こうじ、塩を配合してつくった米味噌は、甘味噌、甘口味噌、辛口味噌に大別される。色もさまざまで、京都の白甘味噌のような白味噌、信州味噌に代表される黄色味を帯びた淡色味噌、仙台味噌や江戸味噌のような赤味を帯びた褐色の赤味噌などいろいろな味噌がある。味噌の風味や色の違いは原料や成分、加工工程、熟成期間、温度などの違いによる。

ダイズ、米、あるいは麦を主原料としてつくられた味噌は、原料の配合割合によって色、風味ばかりでなく、栄養成分も変わってくる。味噌の主な栄養分はタンパク質・アミノ酸、炭水化物・糖類、脂質・脂肪酸、ミネラル、ビタミン類などである。米味噌（淡色辛味噌）の成分は五訂日本食品標準成分表（科学技術庁資源調査会編）によれば、水分45.4％、タンパク質12.5％、炭水化物21.9％、脂質6.0％、ミネラル14.2％となる。

●農業改良普及事業によって広まった信州味噌づくり

昭和30年代頃までの農家は味噌を自給していた。昭和40年代以降、企業的経営体への移行や専作化の進行につれて、農家も食の外部化を指向するようになり、味噌の自給は減少していった。しかし、１９７０（昭和45）年頃から米の消費量の減少などにより稲作転換（稲作から豆類・野菜栽培への転換）が奨励され、各地でダイズ栽培が盛んになった。このような状況下で、農業改良普及員は農家に自家醸造味噌の復活を働きかけた。

農業改良普及員の働きかけでつくられた味噌は地域に伝わる伝統的な味噌ではなく、信州味噌と呼ばれる、ダイズと米の使用比率が同じ（1対1）で、食塩が12％の淡色赤味噌タイプの味噌であった。このタイプの味噌は、自家醸造味噌として1年に1回、秋口から春先の間に仕込み、夏を越して秋口になり発酵・熟成がすむと、そのころから1年間程度は著しい品質低下もなく食卓に供することができる特性がある。

表１　味噌の種類と産地、特徴

原料による分類	味や色による分類		産　地	通　称	こうじ歩合範囲	塩分（%）	醸造期間
米味噌	甘味噌	白	近畿各府県、岡山、広島、山口、香川	白味噌、関西白味噌、府中味噌、讃岐味噌	15～30	5～7	5～20日
		赤	東京	江戸甘味噌	12～20	5～7	5～20日
	甘口味噌	淡色	静岡、九州地方	相白味噌	10～15	8～11	20～30日
		赤	徳島、その他	御膳味噌	10～15	11～12	3～6か月
	辛口味噌	淡色	関東甲信越、北陸、その他全国地域	白辛味噌、信州味噌	5～10	12～13	2～3か月
		赤	関東甲信越、東北、北海道、その他全国各地	津軽味噌、仙台味噌、越後味噌、佐渡味噌、赤味噌	5～10	12～13	3～12か月
麦味噌	甘口味噌	淡色	九州、四国、中国地方	麦味噌	15～25	9～11	1～3か月
	辛口味噌	赤	九州、四国、中国、関東地方	麦味噌	8～15	12～13	3～12か月
豆味噌	辛口味噌	赤	中京地方（愛知、三重、岐阜）	豆味噌、三州味噌、伊勢味噌、八丁味噌	100	10～12	5～20か月

（「食品加工総覧第７巻」より）

表２　ダイズの味噌用好適品種

地域ブロック	好適ダイズ			
北海道	トヨムスメ キタムスメ	トヨコマチ ハヤヒカリ	カリユタカ	トヨホマレ
東北地方	スズユタカ	リュウホウ	おおすず	
関東地方	オオツル ギンレイ	タマホマレ タチナガハ	アヤヒカリ（△※）	エンレイ
東山地方	アヤヒカリ さやなみ	エンレイ	ギンレイ	タマホマレ
北陸地方	エンレイ	あやこがね	アヤヒカリ	
東海地方	オオツル	ギンレイ	アキシロメ	
近畿地方	タマホマレ エンレイ	オオツル ギンレイ	さやなみ アキシロメ	タママサリ
中国地方	タマホマレ ギンレイ	さやなみ アキシロメ	タママサリ	エンレイ
四国地方	タマホマレ	さやなみ	タママサリ	アキシロメ
九州地方	フクユタカ	アキシロメ		

（「地域資源活用食品加工総覧第７巻」より）

※ △：好適品種として意見が分かれるもの。

原　料

●神奈川県の在来ダイズ「津久井在来」

味噌用ダイズとして私がおすすめしたい品種は、津久井在来（津久井５号）である。津久井在来は神奈川県に残る在来系統ダイズであり、昭和40～50年代にかけて津久井地域に残る在来系統ダイズから選抜を行ない、津久井５号を

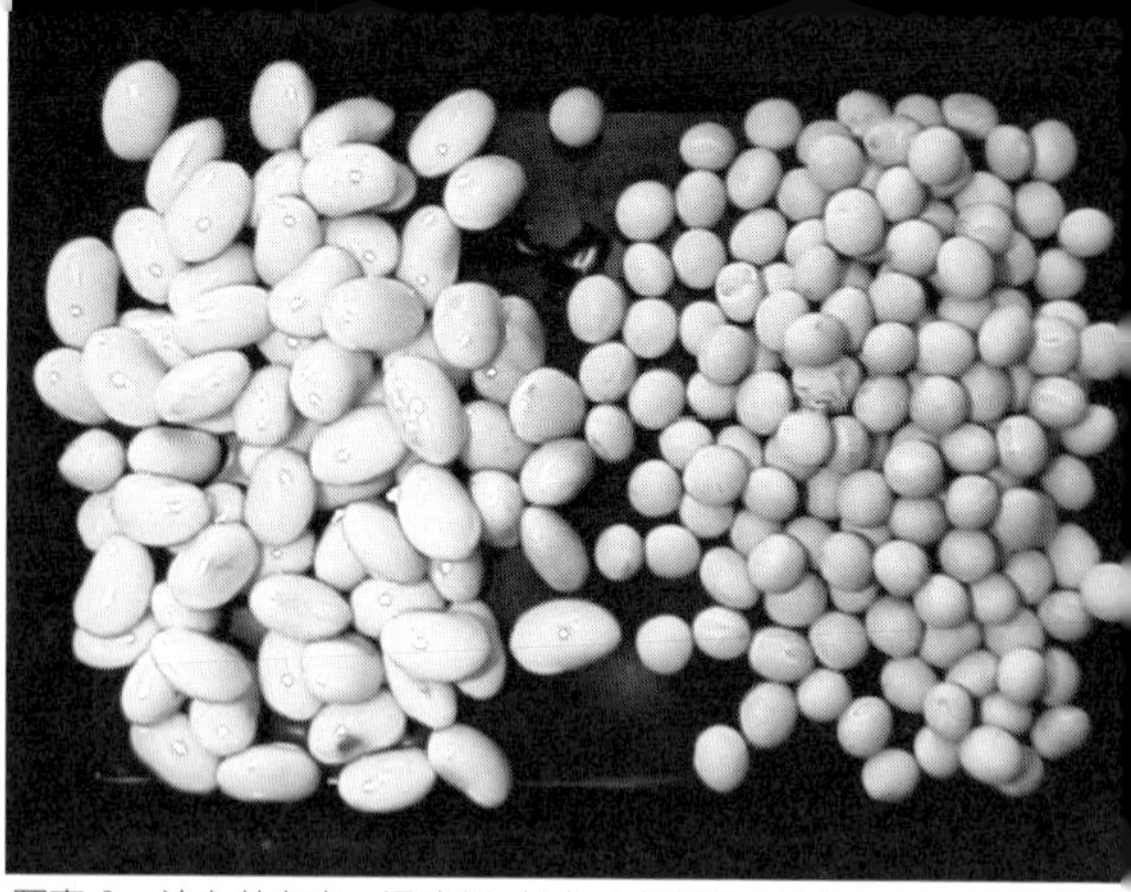

写真1　津久井在来。浸漬前（右）と浸漬後（左）

優良系統として、昭和50年代の稲作転換事業で県内に普及が試みられた。その後、ダイズ栽培の衰退とともに幻のダイズとなっていたが、平成15年頃からの地域食材の見直し、大豆100粒運動といった食育活動の隆盛にともない、再び神奈川県下での栽培が広がりつつある。

津久井5号は中大粒の茶目のダイズで、糖分が多く、タンパク質、脂質が少ないという特徴がある。味噌に仕込んだ場合には色とてりがよく、味噌適性は非常に優秀。煮豆や納豆に加工しても、甘味が強く味のよい加工品となる。

ただし津久井5号だけで豆腐をつくるとタンパク質が少ないため硬さが出にくく、歩留りも低くなる。しかし豆腐用のダイズに津久井5号を3割くらい加えると、豆腐用ダイズのみでつくったものと硬さや収量は変わらないまま甘味が強くなり、風味の改善効果は大きい。

●米こうじはダイズと同量

信州味噌タイプの味噌仕込みには、ダイズと同量の米または米こうじを使う。自分で米こうじをつくる場合はダイズ15kgに対し米15kgを用意。米15kgを原料にこうじをつくると、約16kgの米こうじができる。通常はその全量（16kg）を味噌づくりに使用するが、超過分の1kgは他の用途に流用してもかまわない。米こうじを購入する場合はダイズ15kgに対し、米こうじ15kgを用意すればよい。

なお、信州味噌はこのようにダイズと米の割合を1対1とするのが基本だが、長野県の農業専門技術員によると、信州は米が少ないところなので、農家にはダイズと米の割合を2対1で仕込むよう指導しているという。

味噌のような伝統食品は地域の農業条件、生産状況を考慮したものでなければならないが、工業的に生産されるようになると、本来の地域の伝統食品という側面が消えてくることもある。

●塩は粉砕塩を使う。ミネラル増強には並塩を

塩は粉砕塩を使うことをおすすめしたい。粉砕塩は粗製の海水塩（塩田で濃縮結晶した輸入塩）を砕いた大粒の塩で、比較的安価で手に入れることができる。ただし粉砕塩はミネラル分がやや少ないので、ミネラルを増強するなら、30％量を並塩に換えるとよい。並塩は海水を電気透析膜で

濃縮したもので、粉砕塩よりもミネラル分が多く、調味用あるいは食品加工用として広く使われている。

味噌にミネラル分を増強することに、食品加工や栄養上の意味があるかどうかは別として、一般にはミネラルを増強することはよいイメージがあるので、販売戦略の手段として用いることができる。

ちなみに粉砕塩や並塩は、本来は安価であるが、ミネラルの多い銘柄を前に出して、「天然塩」「自然塩」といった形容詞のもとに高価格で流通されているものが多いので注意したい。

表３　塩事業センターの塩の品質規格

種　類		品質規格	生産方法
食卓塩	100 g	NaCl 99%以上 塩基性炭酸マグネシウム基準 0.4% 粒度 500 ～ 300 μ m85%以上	原塩を溶解し再製加工したもの
ニュークッキングソルト	350 g	NaCl 99%以上 塩基性炭酸マグネシウム基準 0.4% 粒度 500 ～ 300 μ m85%以上	
キッチンソルト	600 g	NaCl 99%以上 塩基性炭酸マグネシウム基準 0.4% 粒度 500 ～ 300 μ m85%以上	
クッキングソルト	800 g	NaCl 99%以上 塩基性炭酸マグネシウム基準 0.4% 粒度 500 ～ 180 μ m85%以上	
特級精製塩＊	25kg	NaCl 99.8%以上 粒度 500 ～ 180 μ m85%以上	
精製塩	1kg	NaCl 99.5%以上 塩基性炭酸マグネシウム基準 0.3% 粒度 600 ～ 180 μ m85%以上	
	＊25kg	NaCl 99.5%以上 粒度 500 ～ 180 μ m85%以上	
新家庭塩	700 g	NaCl 90%以上 粒度 600 ～ 150 μ m80%以上	海水濃縮（イオン交換膜）法による鹹水を煮詰めたもの
食　塩	1kg 5kg ＊25kg	NaCl 99%以上 粒度 600 ～ 150 μ m80%以上	
並　塩＊	20kg 25kg	NaCl 95%以上 粒度 600 ～ 150 μ m80%以上	
つけもの塩	2kg	NaCl 95%以上 リンゴ酸基準 0.05% クエン酸基準 0.05% 塩化マグネシウム基準 0.1% 塩化カルシウム基準 0.1%	洗浄した粉砕塩に添加物を加えたもの
原　塩＊	25kg	NaCl 95%以上	外国から輸入した天日塩
粉砕塩＊	25kg	NaCl 95%以上	原塩を粉砕したもの

＊は業務用塩として分類されるものである。　（「食品加工総覧第７巻」より）

●味噌の仕込み容器の選択

―仕込んだ味噌の表面積はできるだけ小さくする―

味噌の容器はプラスチック製の樽を使用する。一般に容器の容積は大きいほどよい。味噌は空気に触れると酸素の影響を受けて品質が劣化する。企業レベルでは、容器表面の味噌は「ふた味噌」と呼ばれ、色だけでなく風味も劣るので、出荷せず廃棄している。

ロス・廃棄を少なくするためには味噌の体積に対する表面積の比率をなるべく小さくすることが大切。小さな容器に小分けして仕込むよりも、大きな容器に仕込むほうが表面積の比率は小さくなる。

―最小でも20ℓ以上の容器を使うこと―

味噌は加工室と保存場所が別のため、容器の移動という作業が発生する。大きな容器に大量の味噌を仕込むと重石も含めてかなりの重量になり、移動用レールやチェーンブロックなどの設備がないと移動は困難。こうした設備がない場合には60ℓなどの大きな容器を使うことはできないが、最小でも20ℓの容器は使いたい。

なお20ℓ容器でも人力で何個も運ぶのは大変なので、移動のためには何らかの工夫が求められる。知り合いの女性農業者の中には、容器の移動を楽にするため専用の台車を製作して運搬に使っているケースもある。

―仕込み容器内にプラスチック製の袋は不要―

仕込み容器内にプラスチック製の袋（ポリエチレン袋）を入れ、その中に味噌を仕込む例をしばしば見かける。しかしプラスチック製の袋では酸素の供給を断つことはできず、使用しなければならない理由はない。プラスチック製の袋は、味噌の品質を低下させることはあっても、向上させることはない。清潔で安全な仕込み容器を使うなら、内装のプラスチック袋は使用しないことである。

製造工程

米味噌づくりの工程を図1に示す。

ダイズはきれいなように見えても、表面は泥土やほこりで汚れているため、洗浄が必要。

大きな容器にダイズとダイズが浸るくらいの水を入れ、ダイズをすり合わせるようにして洗う。ここで大切なのは、水を張ったらすぐに洗うこと。水に入れたダイズはすぐに水を吸って、皮が伸びて膨れてくる。皮の伸びたダイズに強い力をかけてすり合わせると、皮が剥けてしまう。一部の皮だけが剥けると、皮のある部分とない部分とで浸漬時の吸水速度に差が生じる。

図１　米味噌づくりの工程

［原料と仕上がり量］

原料：ダイズ 15kg、米こうじ 15kg、塩 6.5kg

仕上がり量：54.5kg

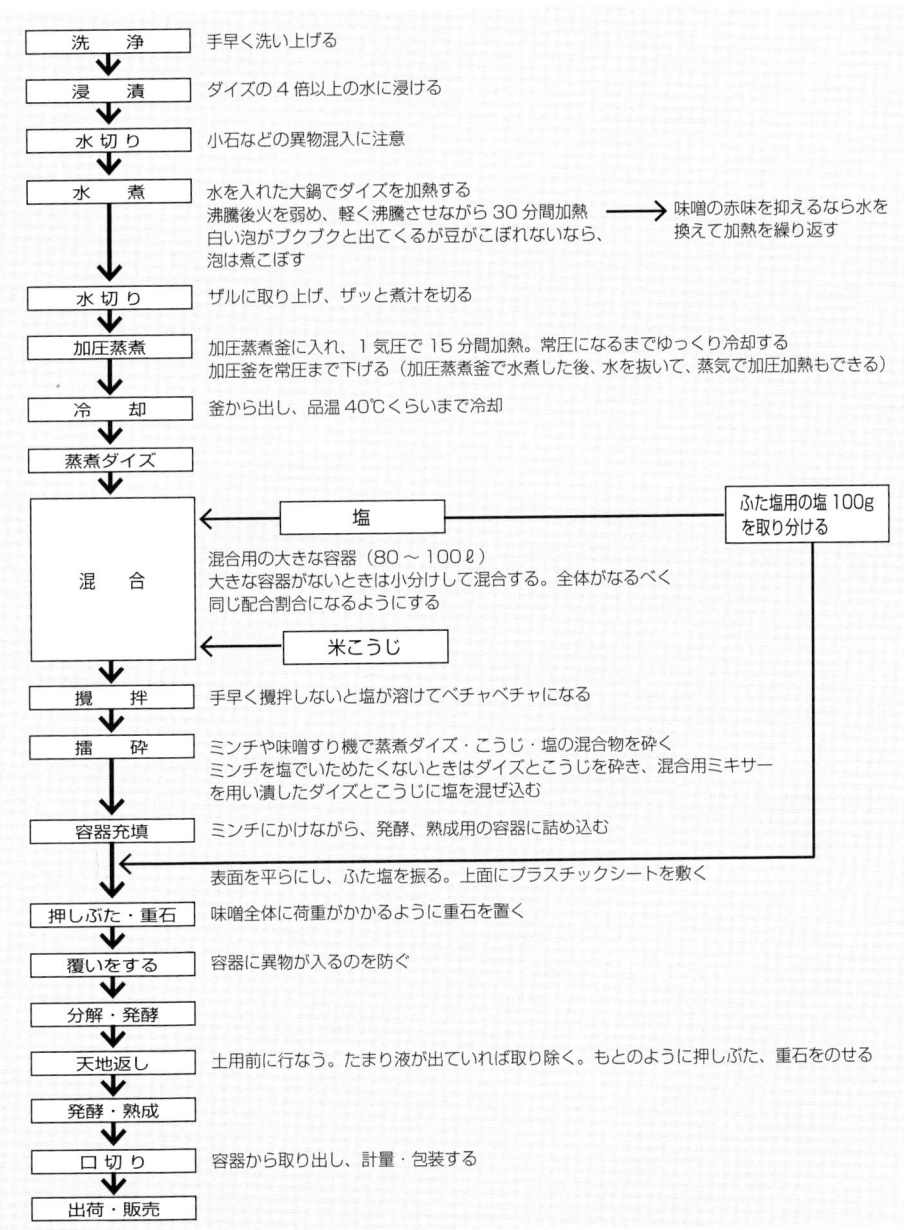

- **洗　浄**　手早く洗い上げる
- ↓
- **浸　漬**　ダイズの４倍以上の水に浸ける
- ↓
- **水切り**　小石などの異物混入に注意
- ↓
- **水　煮**　水を入れた大鍋でダイズを加熱する
  沸騰後火を弱め、軽く沸騰させながら 30 分間加熱 → 味噌の赤味を抑えるなら水を換えて加熱を繰り返す
  白い泡がブクブクと出てくるが豆がこぼれないなら、泡は煮こぼす
- ↓
- **水切り**　ザルに取り上げ、ザッと煮汁を切る
- ↓
- **加圧蒸煮**　加圧蒸煮釜に入れ、１気圧で 15 分間加熱。常圧になるまでゆっくり冷却する
  加圧釜を常圧まで下げる（加圧蒸煮釜で水煮した後、水を抜いて、蒸気で加圧加熱もできる）
- ↓
- **冷　却**　釜から出し、品温 40℃くらいまで冷却
- ↓
- **蒸煮ダイズ**
- ↓
- **混　合**　← 塩（ふた塩用の塩 100g を取り分ける）
  混合用の大きな容器（80 ～ 100ℓ）
  大きな容器がないときは小分けして混合する。全体がなるべく同じ配合割合になるようにする
  ← 米こうじ
- ↓
- **攪　拌**　手早く攪拌しないと塩が溶けてベチャベチャになる
- ↓
- **擂　砕**　ミンチや味噌すり機で蒸煮ダイズ・こうじ・塩の混合物を砕く
  ミンチを塩でいためたくないときはダイズとこうじを砕き、混合用ミキサーを用い潰したダイズとこうじに塩を混ぜ込む
- ↓
- **容器充填**　ミンチにかけながら、発酵、熟成用の容器に詰め込む
- ↓ ← ふた塩用の塩
  表面を平らにし、ふた塩を振る。上面にプラスチックシートを敷く
- **押しぶた・重石**　味噌全体に荷重がかかるように重石を置く
- ↓
- **覆いをする**　容器に異物が入るのを防ぐ
- ↓
- **分解・発酵**
- ↓
- **天地返し**　土用前に行なう。たまり液が出ていれば取り除く。もとのように押しぶた、重石をのせる
- ↓
- **発酵・熟成**
- ↓
- **口切り**　容器から取り出し、計量・包装する
- ↓
- **出荷・販売**

また、皮には着色にかかわる成分が多く含まれているので、味噌の色も変わってくる。なるべく皮が剥けないように手早く洗浄することが大切である。

●ダイズの洗浄にまな板を使用

ダイズの量が少ないときは、手で洗うほうが、ダイズの感触もよくわかるのでよい。しかし15kgものダイズを手で洗うのはなかなか大変。大量のダイズを手早く洗うには、まな板（もしくはまな板状の平板）を使う。水を張ったダイズの中にまな板を静かに差し入れてグリグリと攪拌すると、ダイズに不要な力がかからずにきれいになる（75ページQ06を参照）。

●ダイズの浸漬には4倍程度の水を準備

浸漬後のダイズは水を吸って2.2〜2.3倍の重量になり、カサも増える。ダイズが完全に吸水したときに水面からダイズが出てしまうことがないよう、ダイズ浸漬には大きめの容器を使い、水はダイズの重さの4倍量くらいを入れる。

●浸漬時間は水温によって変える

ダイズは水温によって水を吸う速さが違うため、水温が低いときは浸漬時間を延ばす必要がある。水温が1〜5℃なら最短でも24時間くらいは浸けること。水温10℃なら20時間程度、15℃でも12時間程度の浸漬時間は必要である。また粒の大きなダイズは、粒の小さいダイズに比べて浸漬に時間がかかる。

●浸漬ダイズの見分け方

ダイズが水分を吸うと胚乳の外側から膨張し、内側の水を吸っていないところがくぼんでくるが、水分を吸うにしたがってくぼみが小さくなり、最後は1本筋状のくぼみから全面が平たくなっていく。ダイズの皮を剥いて、胚乳の内面が1本筋状から平たくなったころがちょうどよい浸漬状態である。

ダイズを浸漬すると、ダイズに混ざっていた小石や土砂が容器の底部にたまる。ダイズを浸漬容器から水切り用のザルに移す際、この小石や土砂を入れないように注意する。

●味噌の色調は水煮の仕方によって変わる

ダイズを水煮すると、ダイズの中の水溶性成分が煮出される。この水溶性成分には味噌を赤褐変させる成分も含まれている。赤い味噌にしたいときは水煮を軽くするか、蒸すだけにすれば、赤味の強い、赤黒い味噌となる。反対に赤味の少ない、黄色い味噌にしたいときは、水を換えながら水煮を繰り返せばいい。

水煮の仕方により色だけでなく味も変わってくる。水煮をしないとダイズの持つ渋味が残ることがある。渋味のない味噌にするには、水煮をしたほうが無難である。

なお、いくら水煮をしても煮汁をダイズに含ませてしまうと、着色にかかわる成分は少なくなることはないので、赤色の強い味噌となる。

●大鍋と加圧釜

ダイズ15kgを炊くには大きな鍋が必要。農家なら庭先にかまどをつくり、大きな鍋や釜でダイズを炊くことができる。共同加工施設などで大鍋があればこれを利用する。ただ、大きな鍋釜はどこにもあるわけではないし、かまどもつくれるわけではない。このようなときには小さな鍋を用い、数回に分けて炊き上げることになる。なお、蒸気を熱源とする蒸気式二重釜と加圧釜（圧力釜）のセットがあれば味噌づくりには最適である。大鍋と加圧釜を併用すると短時間にいろいろなタイプの味噌を仕込むことも可能になる。とくに加圧釜は便利で、構造によっては加圧釜で加水したまま加圧煮熟が可能であり、水煮を行なってから煮汁を抜いて加圧蒸煮することも可能である。

●蒸煮したダイズの硬さ

味噌用に煮上げられたダイズはコリコリとした硬さはまったくない。蒸煮ダイズを1粒つまみ取り、力の入りにくい薬指と親指で挟んでも、スーッと抵抗なく潰れる程度の軟らかさが目安。

硬い豆でも味噌にはなるが、仕上がった味噌にはダイズが硬いまま形も残るので、目的によってはすり鉢ですったり、こしたりする手間が必要となる。

写真２　蒸煮ダイズの煮上がり

●蒸煮したダイズと米こうじ、塩を混合したらすみやかに擂砕

蒸煮ダイズ、米こうじ、食塩の全量が入り、攪拌できる大きな容器があるなら、その中に混合しやすいように入れ、手早く攪拌する。後述する「種味噌」は、この攪拌するときに入れる。

攪拌したらすみやかにミンチ機や味噌専用のミンチ機（味噌すり機）で擂砕する。混合した材料には塩が加えてあるので時間が経つほど塩が溶け、濃い塩分の汁が容器の底にたまるので、塩があまり溶けないうちに擂砕する。

ミンチ機がないとき、回転羽の付いた餅つき機を使うことがある。このとき、よく混ざらないからとダイズの煮汁を加えることがあるが、水分が多くなりすぎるので煮汁は加えないようにする。

蒸煮ダイズ、米こうじ、食塩の全量を入れ、攪拌できる

表4　対水食塩濃度の計算式

対水食塩濃度（%）={塩分（%）／〔水分（%）＋塩分（%）〕}×100

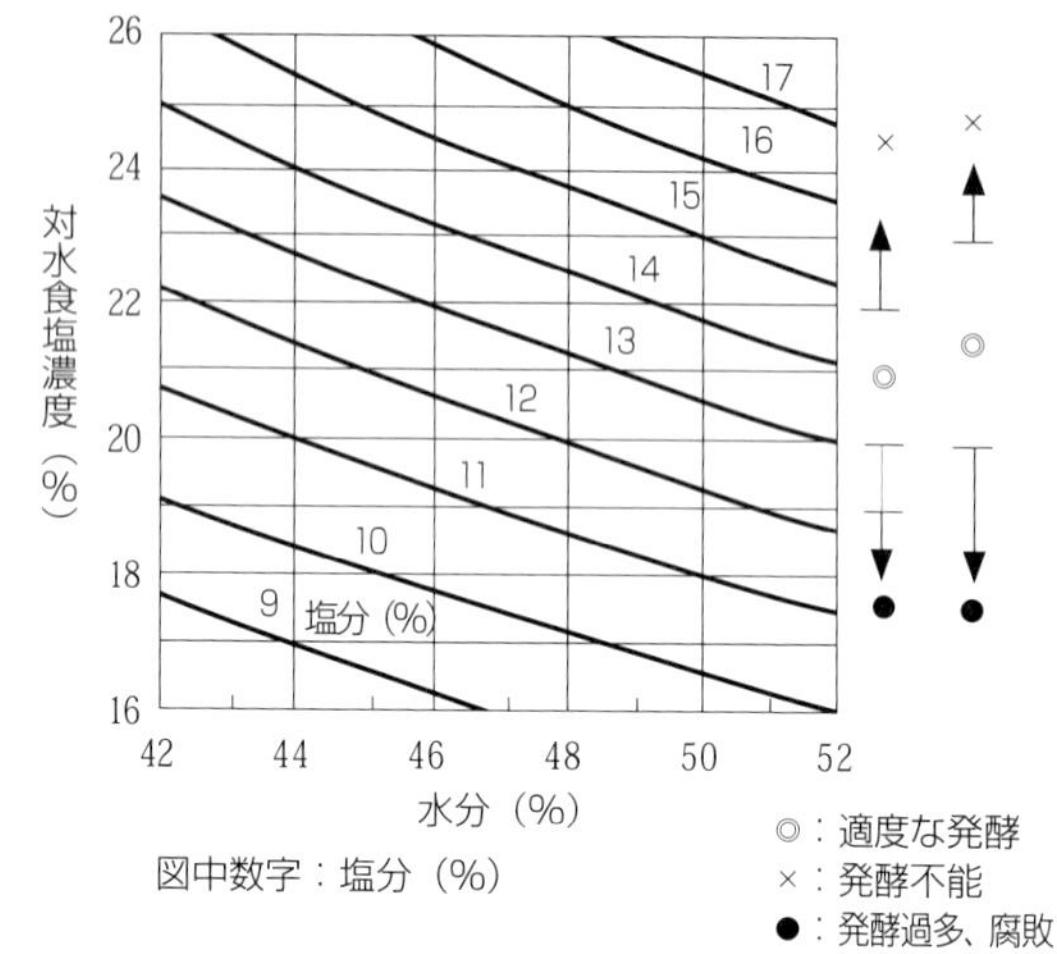

図2　辛口味噌の対水食塩濃度と発酵との関係

（「食品加工総覧第7巻」より）

大きな容器がないときは小分けして混合するが、全体が同じような配合割合になるように計量しながら行なう。蒸煮ダイズと米こうじの割合も大切だが、それ以上に重要なのは食塩の割合である。蒸煮ダイズと米こうじの割合がばらついても甘味、旨味、色調の違った味噌になるだけだが、食塩の割合が異なると味噌になるか、ならないかということにもつながってくる。味噌に含まれる食塩は酵母や乳酸菌の増殖、発酵に大きな影響をもつ。食塩の量が少なければ酵母や乳酸菌の増殖は進み、食塩の量が多ければ増殖は抑えられる。このようなことから味噌の中の水分に溶け込んでいる食塩の濃度を対水食塩濃度として表わし、適正な塩分濃度とするための品質管理の目安としている（表4）。

適正な濃度を逸脱した場合、対水食塩濃度22％以上なら発酵が進まず、19％以下なら発酵が進みすぎることになり変敗、腐敗の危険がある。

ミンチ機の保守の関係で、蒸煮ダイズだけ、あるいは蒸煮ダイズと米こうじを混合したものを擂砕し、その後、食塩を混合して容器に仕込むことがある。この場合、全量に食塩を加える場合と分割して食塩を加えて混合することがあるが、加える食塩の割合は正確にしなければならない。また、混合を手作業の場合でも、あるいは、ミキサーを利用する場合でも食塩が均一に混ざるようにする。

●空気を押し出すようにして容器に仕込む

混合した材料は容器に仕込むが、擂砕や混合によって空気を大量に抱え込んでいるので、空気をなるべく押し出すようにして容器に仕込み、十分な重石をかける。

仕込んだ直後は味噌の発酵に不要な雑多な微生物が棲息しているので、これらの活動を抑えるため、高濃度の食塩と空気のない状態をつくることが求められる。この状態で米こうじの酵素作用でデンプンが糖化されるが、雑多な微生物は糖化されたものを栄養源にして増殖することができず、味噌の発酵に寄与する乳酸菌の増殖による乳酸の生産や、その後に続く酵母の発酵へとつなげることができる。

●風味を増すための簡便な方法
――0.5%程度の種味噌を混合――

味噌の発酵には乳酸菌と酵母が関与する。高濃度の食塩が含まれた環境のなかでも生育が活発な乳酸菌と酵母を添加すると良好な風味が醸成されるため、食品企業ではこれらを添加している。酵母や乳酸菌が添加された種こうじでつくった米こうじを使う場合は別として、一般に自家醸造味噌では乳酸菌と酵母を添加してはいない。そこで乳酸菌や酵母を添加する代わりに、風味良好に熟成された味噌を種味噌として入れるのである。

写真３　種味噌を添加する

種味噌は、蒸煮ダイズ、米こうじ、塩を攪拌混合するときに、60kgの仕込み量に対し200～500g程度入れるとよい。

●均一に重さがかかる小石の重石

樽・容器の大きさにもよるが、20～30ℓ容器ならば15～20kg、60ℓ容器なら20～30kgの重石をのせる。大きな漬物石でもよいし、専用の重石を用いてもよい。20～30ℓ容器のような小さな容器では、2～5kgの小砂利を入れたプラスチック袋（ポリエチレン袋）を数個つくれば、持ち上げやすい重石となり、味噌の表面全体に置くことができるとともに、簡便に重量管理もできるので、扱いやすい。味噌の重石は味噌の表面全体に荷重することが基本で、一部に偏って強い荷重をかけることは避けねばならない。

●仕込み容器はステンレス製あるいはプラスチック製を

仕込み容器は食品用につくられたものを使う。木製の酒樽があれば最高だが、次善のものとしては味噌用あるいは漬物用に製造されたステンレス製やプラスチック製の容器がよい。ホウロウやガラス製のものは材質としてはよいが、味噌の仕込みに向くような大きい容量のものを手に入れにくい。

仕込み容器は50～60kgの味噌が入る容器（60ℓ程度）がよいが、味噌を入れた容器の移動・運搬を考えると重量はもう少し軽いほうがよい。ただし、小さい容器であっても15～20kg（20ℓ程度）までとしたい。小さい容器でも、大きい容器でも、味噌の熟成と酸化は同じように進む。小さい容器ほど酸化による変質部分が相対的に多くなるので、できるだけ大きな容器にしたい。

●保管場所は袋の口を包んで味噌の容器を屋外に置く

仕込んだばかりの味噌は少し涼しいところに置く。仕込んだばかりの味噌には雑多な微生物が入っている。涼しいところに置いて、雑多な微生物の増殖を抑制しつつ、こうじ菌のもつアミラーゼによって原料に含まれるデンプンや多糖類を単糖類に分解する。この反応では水分も出てくるので、生成した水分によって味噌は軟らかくなる。重石が軽すぎると水分が容器下部にたまり、上部の味噌はしっかりしていても、下部は水分の多い味噌となる。

こうじ菌による単糖類の生成後は、好塩性の乳酸菌を徐々に活動させなければならない。乳酸菌はデンプンや多糖類をエネルギー源としては利用できないが、単糖類は利用できる。乳酸菌が単糖類を利用することによって味噌の中に乳酸が生成され、全体のpHが下がる（酸性になる）。pHが下がることによって雑多な微生物、とくに細菌類の活動は抑えられる。

建物の北側は気温が低く、仕込んですぐに味噌の容器を置くには都合がよいが、雨やほこりが舞い込む心配がある。味噌の容器の外側にもう1枚ポリエチレン袋を使って、容器全体を包み込み、口をしばって閉じ、その上に小さなポリエチレン袋をかぶせておく。二重三重に味噌の容器を包み込むと空気の流通がないので、蒸れてしまうと心配する人がいるが、味噌づくりでは空気（酸素）が四六時中必要ということではない。

必要なときは適宜処置をするので、通常時は清潔を保ち、昆虫や土ぼこりなどの異物が混入するのを防ぐ。

●天地返し

夏の土用前に味噌の切り返し（樽の味噌の攪拌・混合）を行なう。いわゆる天地返しである。味噌の成分・品質を均一にするとともに、味噌の中に空気を入れることによって、酵母の活動が促進される。

酵母はアルコール発酵をし、糖分と酸素から炭酸ガスとアルコール、水、そして香気成分をつくり出す。酵母は温度が高いと活発に増殖・活動する。夏の土用前の天地返しで酸素が補給され、土用の高温期を経過することでアルコール発酵が促進される。また、天地返しによって空気に触れるため、味噌の着色も進む。

天地返しのとき、味噌の上部に味噌のたまり液が出ているなら全部取り除く。たまり液はよい風味を持っているので、廃棄せず、調味液として用いる。

●熟成・保存

夏の高温期をすぎたばかりの味噌は、酵母の活動で生成した呈味・香気成分がなじんでいないので、風味をなじませる熟成の時間が必要で、秋に口切りとなる。

　熟成した味噌でも微生物は活動している。酸素の影響による品質変化もある。食べごろとなった味噌は品質の変化を防ぐため、冷蔵庫や地下の収納室のような低温環境に置く必要がある。低温環境に保持すれば味や香りなどの風味の低下は防げる。

　ただし、色調の変化は抑えることが困難で、時間の経過とともに味噌は赤褐色から黒褐色へと徐々に暗色化する。

包装

●自動計量包装機

　出荷先によって包装形態を考える。多数の味噌の包装を人力で行なうのはかなり根気が必要で、20kgの味噌を５００ｇ袋40個に詰めるだけでも、1時間以上はかかる。出荷個数によっては自動計量包装機の導入を考えたい。

　ただし給食用や業務用など大容量でもよい場合もあるので、まず実需者と出荷形態についての打ち合わせを行ない、資材と時間の節約を行なう。

　市販するときはニーズ調査を行なうとともに、流通コストを考えて容量と容器の形状を決定する。市販容器は２００ｇ～１kgが現実的であるが、容器の購入とともに保管にも配慮が必要になるので、容器の種類はむやみに多くしないこと。ラベルは市販する味噌の袋や容器に直接に印刷をする方法もあるが、コストがかさむ。貼り付けシールを用いるのが現実的である。また、仕込み容器から市販用に包装する時期についても検討する必要がある。包装後は味噌の品質変化が進む。低温で変化を抑えることもできるが、色調の変化を抑えることは困難である。

●炭酸ガス対策に低温管理とガス抜き膜付き包装資材

　包装、出荷したあとも味噌の中の微生物は活動しており、糖分を減少させ、有機酸（乳酸）を増加させるとともに炭酸ガスを発生する。一般の包装資材は炭酸ガス透過性が高くないので、微生物の活動が活発な夏季には炭酸ガスがたまり包装容器が膨張することがある。これを防ぐには、包装資材を変えるか微生物の活動を抑える対策が必要。

　全国流通するような製品は加熱やアルコール添加により微生物の活動を抑えているが、地域特産品として製造販売するような味噌は加熱やアルコール添加を行なうことは少ない。流通販売時は低温管理を徹底するとともに、炭酸ガスのたまらないガス抜き膜付きの資材や密封しない包装の採用を検討する。

米味噌Q&A

設備・機械

Q01 味噌の容器がカビだらけになった

A 容器の内側のカビはすぐに拭き取ることが大事

容器のどこがカビだらけになったのかが問題になる。容器の内側の壁面に付いたカビは、容器に味噌を詰め込む際、容器の内側に味噌が付いたのをそのままにしたことが原因と考えられる。こうしたカビは、発見次第、濡れ布巾やウエットティッシュなどで完全に拭き取っておくことが必要。ただしカビは空気がないと増殖できないので、味噌の上にプラスチックシート、押しぶた、重石がしっかりのせてあれば、味噌の内部にまでカビが広がることはない。

もし味噌の上の重石や押しぶた、プラスチックシートにカビが発生していたり、味噌から浸出したたまり液が重石などに付いていた場合には、重石とプラスチックシートは交換、押しぶたは洗浄乾燥して使用する。

容器の外側のカビは放置しても大きな問題にはならないが、味噌置き場の衛生管理の観点からは好ましいことではないので、見つけたら濡れ布巾やウエットティッシュで完全に拭き取っておく。とくに容器を持ち上げるときに手が触れる部分は気がつかないうちに味噌が付着していることが多く、そこからカビが発生しやすいので、仕込み終了時に拭き取っておきたい。

Q02 味噌の仕込み容器の内側にプラスチック製の袋を使うと味噌の色が濃くならないと聞いたが

A プラスチック袋に褐色化防止効果はない

味噌の色が濃くなるのは還元糖やアミノ酸の化学反応による褐変物質の生成や、ダイズに含まれるポリフェノール成分の酸化反応などによる。このうち後者の酸化反応は空気中の酸素に影響されるため、味噌を完全密閉して空気を遮断すれば抑えることができる。しかし、一般のプラスチック製の袋では空気の透過を完全に遮断することはできないため、味噌の色を濃くしないという効果は期待できない。清潔で安全な仕込み容器を使うなら，内装のプラスチック袋を使用しないことである。

なお、還元糖やアミノ酸の化学反応やポリフェノールの酸化反応は温度を下げることで抑制できる。しかし、温度を下げると微生物の増殖も抑制され、酵母の発酵香が感じられない味噌となる。冷害の年につくられた味噌や、低温貯蔵庫に入れた味噌は、味噌の色の進みがないかわりに発酵香の乏しい味噌となることが多い。

Q 03 仕込み容器は扱いやすいように10kg入りの小さいものにしたが、問題はないか

A 仕込み容器は20ℓ以上が望ましい

容器に仕込んだ味噌の上面は空気に触れるため、暗色化が進むだけでなく、香り成分も酸化によって変化する。熟成期間が長くなれば、この変色層（ふた味噌）は数センチに達する。また仕込みに使うプラスチック容器もわずかながら空気を通すため、プラスチック容器に触れている部分の味噌も多少は酸化による影響を受ける。1樽に仕込む味噌の量が小さいほど体積のわりに表面積が大きくなり、変色する味噌の割合が多くなるので、味噌を仕込むときは小分けせず、できるだけ大きな容器に仕込んだほうがよい。

たとえば15kgのダイズと15kgのこうじを使うと50～60kgの味噌になり、これは60ℓくらいの容器を使うと1本に納めることができる。ただし、重石を含めるとかなりの重量になり、人力での容器の移動は困難。移動用レールの天井への配置やチェーンブロック、リフトなど、簡易に移動できる設備が必要になる。こういった施設・用具がない場合は、もう少し小さな容器に小分けして仕込まざるをえないが、最小でも20ℓ以上の容器を使いたい。10ℓ以下の容器の使用は、趣味的に味噌を仕込むときに限られる。

写真4　仕込み容器
奥は30ℓ用、手前左は10ℓ用、右は20ℓ用である

Q 04 加圧釜（圧力釜）がなくても味噌づくりに問題はないか

A 加圧釜がなくても大丈夫

ダイズを加熱すること（蒸熱）の目的は、ダイズのタンパク質を熱によって変性させ、タンパク分解酵素の作用を受けやすくすることにある。このほか、タンパク質分解酵素の働きを阻害する物質（トリプシンインヒビターなど）の不活性化、不溶性炭水化物の一部の可溶化、有害微生物の殺菌、生ダイズ特有のにおいを消失させる、などの効果もある。

蒸熱には煮る方法と蒸す方法があり、さらにそれらを無圧（通常の気圧）で行なう方法と加圧釜を使って加圧して行なう方法とに分けられる。

加圧釜を利用して圧力をかけて蒸熱を行なうメリットは、加熱時間が短縮でき、燃料や蒸気量が節約できることにある。

無圧の場合、蒸熱に必要な時間や燃料は多くなるものの、時間をかければ加圧釜を使ったときと同じ結果を得ることができる。

ダイズの洗浄

Q 05 ダイズ洗浄中に、皮の剥けたものと剥けないものができてしまったが…

A 洗浄方法とダイズ品種の見直しを

ダイズの皮が剥けると、剥けていないダイズとの間で吸水速度に差が生まれるほか、完成時の味噌の色にも影響が出るため、あまり好ましいことではない。

皮が剥ける原因の一つは、洗い方にある。水を吸って皮が伸びたダイズを強い力でこすり合わせると簡単に皮が剥けてしまう。次の質問で回答した洗い方を参考に、今一度、洗い方の見直しをしてほしい。

もう一つの原因は、ダイズ自体の特性や栽培・収穫方法に起因する品質の問題である。ダイズのなかには「裂皮」と呼ばれる皮が破れる特性を持つ系統・品種がある。このようにダイズ自体の特性に原因がある場合は使用するダイズの系統・品種を再検討する。品種に問題がなく

写真５　ダイズの洗浄

栽培・収穫方法に原因がある場合は、生産者に状況を伝えて翌年度以降の対応を依頼することになる。

Q 06　15kgでも手で洗うのは大変。もっとうまい洗い方はないか

A　まな板を使って洗えば簡単

専用の洗浄機を利用する方法もあるが、年に数回、15kgのダイズを洗う程度なら洗浄機を導入するほどではない。そこでおすすめしたいのがまな板を使う方法だ。

容器にダイズと水を入れたら、まな板（あるいはまな板状の平板）をダイズの中に静かに差し入れ、グリグリと攪拌する。こうすると、ダイズに不要な力をかけず簡単にきれいになる。1回に洗うダイズの量が5kgなら20ℓ程度、10kgなら45ℓ程度の容器を用意する。ダイズは容器の底に、5～10cmくらいの厚さに入ることになる。このくらいの量なら、勢いよく攪拌しても、ダイズが容器の外に飛び出すことはない。また、上方から見ると攪拌できていないところもよくわかるので、手早く均一に洗うことができる。

▼ダイズを割らないように注意

注意点は、容器の底とまな板の間に入ったダイズを割らないこと。まな板をやや持ち上げ気味にして攪拌するのがポイント。底に円状の溝のある容器を用いると、ダイズが挟まることが少ない。

十分に攪拌したら水を捨てて、水がきれいになるまですすぎ洗いを行なう。すすぎ洗いではまな板を使わず、手でサッとかき混ぜる程度でよい。洗い容器と水切りザルを組み合わせて3～4回水を交換するときれいになる。

なお、1シーズンに数回味噌を仕込むなら、まな板ではなく専用の洗い板を用意しておいてもいい。

ダイズの浸漬

Q 07　浸漬中のダイズが水の表面から出てしまった

A　ダイズに対して4倍量以上の浸漬水を使っていないのが原因

ダイズは吸水すると重量は2.2～2.3倍になり、体積も大きくなる。ダイズ自体の吸水量は重量の1.2～1.3倍だが、ダイズとダイズの間に必要な水を含めると、だいたいダイズの4倍量の水が必要となる。水浸けダイズが水面より出ていた場合には、浸水状態を調べるために、水面

写真6　浸漬具合の判断

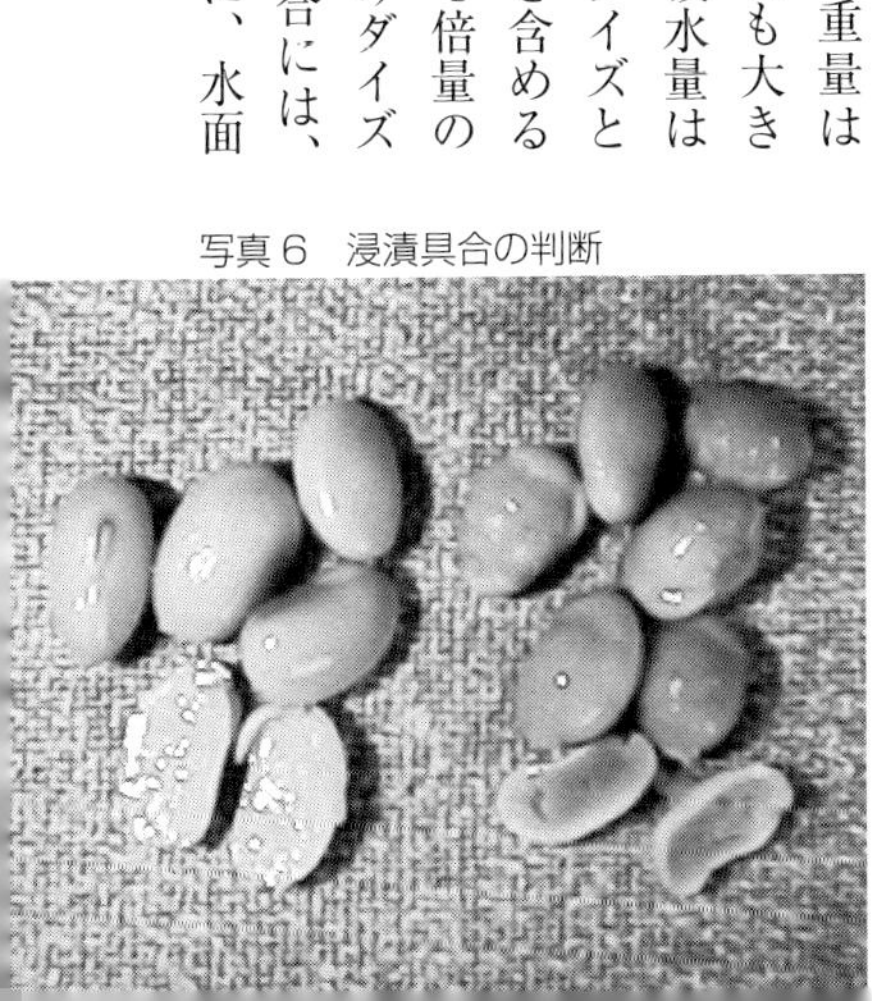

から出ていたダイズを割り、ダイズの内部（胚乳の内側）を見る。大きくくぼんでいるなら、出ていた部分のダイズだけを40～50℃の温湯に浸けて急激に水を吸わせ、ダイズ全体の吸水量を均一にしてから次の工程へ進む。

水面より出ていたダイズの内部のくぼみがほんのわずかなら、とくに問題とはならないので、そのまま次の水煮工程へ進んでかまわない。

Q 08 ダイズを適正に浸漬したいのだが、適正かどうかの見分け方を

A 吸水状態はダイズ内部のくぼみで判断

ダイズの大きさと水温によって水を吸う速さが違ってくる。温度が1～5℃と低いなら、最短でも24時間くらいは浸漬すること。温度が低いときは24時間以上浸けても、浸けすぎにはならない。10℃なら20時間程度、15℃でも12時間程度の浸漬時間は必要である。また粒の大きなダイズは、小さいダイズに比べて浸漬時間が長くなる。

ダイズの吸水が十分かどうかは、皮を剥いて胚乳の内側を見ることで判断できる。ダイズは水を吸うと胚乳の外側から膨張するため、内側の水を吸っていないところがくぼんでくるが、吸水が進むにつれてくぼみが細く小さくなり、最後は1本筋状のくぼみから全面が平たくなっていく。胚乳の内面が1本筋状から平たくなったばかりのころがちょうどいい吸水状態である。

ダイズの蒸煮

Q 09 蒸す場合と水煮する場合、それぞれの原料ダイズに与えるメリット・デメリットは

A 方法によって味や色に若干の差が生じる可能性がある

蒸す場合（蒸熟）と水煮の場合（煮熟）とでは、必要な施設・装置が異なるとともに、加熱に要する燃料の使用量も異なる。水煮は多量の水とともに煮るので、蒸す場合に比べてより多くの燃料が必要になる。

蒸す場合には、水漬けは完全に行なっておかねばならない。ダイズ成分の流出は少ないのでダイズの旨味は残るが、放冷中のダイズの変色が大きくなり、品質が悪いダイズではクセが残ることもある。蒸し上がったダイズの水分は少ない。

水煮する場合、水漬けが多少不足気味でも大きな障害とならない。ダイズの水溶性成分が煮汁に溶け出し、呈味成分の流失も多いかわりに、放冷中の変色は少なく、ダイズのクセも除去される。煮上がったダイズの水分は多い。

どちらを採用するかはどんな味噌をつくりたいかによ

る。なお、最初に軽く水煮して、その後で蒸すという方法を採用すれば、それぞれのメリット・デメリットを緩和させることができる。

Q 10 蒸煮後のダイズが軟らかすぎるようだが、適正かどうかを見分ける方法はないか

A キッチンスケールで硬さを調べる

農家・農産加工所では蒸煮後のダイズが十分に軟らかくなっていないことはしばしば見られるが、蒸煮後のダイズが軟らかすぎるということは非常にまれなことである。

蒸煮後のダイズの軟らかさ、硬さは30℃に冷やしたダイズ1粒を押し潰すときの圧力が0.5kg程度がよいとされる。ダイズを30℃くらいまで冷やしてから上皿台秤（キッチンスケールでかまわない。デジタルよりも時計目盛りのほうが記録が見やすい）の上に1粒置き、人差し指の先でグーッと押していく。ダイズが潰れるときには負荷が減るため、潰れる直前の値が最大圧力となる。

試験では50粒を測定して平均値を求めるが、バラツキの少ないことが望ましい。バラツキが多いときはダイズの収穫時の状態、精選、原料の選び方、蒸煮処理のいずれかに問題点がある可能性がある。

慣れてくればダイズを指で挟んで潰すだけで適当な軟らかさかどうかがわかるようになる。ダイズを親指と中指、あるいは親指と薬指で挟んで力を入れたときに、滑らかにスーッとペースト状に潰れる程度が目安。まだ硬い場合には、グズッ、グズッと壊れるように潰れ、指の間にダイズの割片が残る。

▼十分な量の水で煮ることが大切

ダイズを適正な軟らかさにするには大気圧で3～5時間、加圧（缶内圧0.5～1kg／㎠）で15～40分くらいの加熱が必要。この適正加熱の範囲を大幅に超えると、ダイズが過度に軟らかくなり、その後の作業性が低下するだけでなく、蒸熟の場合は味噌の色が濃くなる、煮熟の場合は水分のきれが悪くなり水分の多い味噌となってしまうといったトラブルにつながる。

なお、実際には加熱時間が適正であるのにダイズが軟らかくなりすぎたように感じることがある。その代表は煮熟中にダイズを煮崩した場合。ダイズが焦げつかないよう一生懸命シャモジや櫂でかき混ぜているうちに、ダイズに力が加わって潰れ、ダイズが煮汁に溶け込んでドロドロになってしまう。こんなことにならないよう、煮熟の際には十分な量の水で煮ることが大切。鍋や釜の中が加熱による対流によって自然に撹拌され、すべてのダイズが焦げつくことなく、むらなく煮上がるようにする。

擂砕《らいさい》

Q11 ミンチ機（ダイズなどの擂砕用機械、ひき肉機、味噌専用機もある）にへらが巻き込まれた

A 専用の押し込み道具以外は使用しない

ミンチ機を使って蒸煮したダイズあるいはダイズにこうじ、塩を混ぜたものを潰す際、材料の投入口が詰まり、擂砕部分に流れ落ちていかないといったことが時々起きる。このような場合は、ミンチ機に付属している専用の押し込み道具を使って、投入口の詰まりを解消するのが原則。しばしば専用の押し込み道具を使わずにへらや箸、棒で突く人がいるが、棒やへらが奥の擂砕部分に届くと巻き込まれてしまうので絶対にしないこと。

付属の押し込み用具がない場合は、ミンチ機の投入口に合った大きさの用具を特注するか、衛生的で安全に使える用具を自作することが必要。また、ミンチ機を稼働しているときは危険なので、絶対に手や指を突っ込んではいけない。

この質問のように木べら・ゴムべら、箸、棒を使って押し込んで巻き込まれた場合、材料に木片などの異物が混入しているので、この味噌は廃棄する。

Q12 ミンチ機の駆動軸が錆びついて動かなくなった

A 挽き肉用ミンチ機に塩分は禁物

小規模な味噌づくりでは、挽き肉用のミンチ機をダイズの擂砕に流用するケースが少なくない。しかし挽き肉用ミンチ機は擂砕部分の軸と駆動モーターが直列に配置されているため、ダイズにこうじと塩を混ぜたものなどのように塩分を含んだ材料を潰すと、塩分を含んだ混合物や液体がミンチ機の駆動軸に沿って駆動モーターに浸入し、軸受けのベアリングを錆びさせることがある。ちなみに味噌専用のミンチ機は、塩分を含んだ材料を擂砕するため、擂砕部分と駆動モーターが平行に配置されており、モーターの回転力はベルトで擂砕部へ伝えられる構造になっている。

挽き肉用のミンチ機を流用する場合は、まず塩分を含まない材料だけをミンチ機で潰し、あとで塩や塩切りこうじを混ぜ合わせるようにする必要がある。

どうしても蒸煮ダイズとこうじ、塩を混合して挽き肉用ミンチ機にかけたい場合には、塩が完全に溶ける前にミンチをかけ終えることだ。

▼材料を無理に押し込むのは故障のもと

しばしばミンチ機の投入口が詰まってもいないのに、材料をミンチ機の投入口に置くとすぐに押し込み用具でグ

イグイと押し込んでいるケースを見かけるが、このように押し込むとミンチ機の擂砕能力を超えた材料が投入されるため、材料そのものや、材料から出てくる塩分を含んだ液体が駆動軸を伝って駆動部分へ侵入しやすくなる。押し込み用具の使用は材料が投入口に詰まったときのみとし、ミンチ機の能力に合った使い方をしなくてはいけない。

日頃からのメンテナンスも大切。塩分を含んだ材料を潰したあとは、ミンチ機の内部および軸の部分をきれいに清掃し、ベアリング部分の注油を行なっておく必要がある。

出麹・混合

Q13 出麹のときに塩を混ぜずにミンチダイズと混合し、そのまま仕込んでしまった

A 直ちに塩を混合し、仕込み直す

塩を混合せずに仕込むと、直後から雑多な微生物の活動がはじまる。これは味噌の変質・腐敗につながるので、すぐに仕込み容器から取り出し、塩を混合して仕込み直さなくてはいけない。

塩の追加が必要になるのは、塩を入れ忘れた場合だけでなく、塩分が所定の濃度に足りない場合も同様。塩分5～6％の場合、低温の間は材料の酵素分解が行なわれ、甘味や旨味が出てくるが、温度が上昇すると乳酸菌や酵母の活動が制御できなくなり、酸敗や腐敗へと進行する。塩分が9％程度でも夏の暑い時期には旨味のピークを超え酸敗へと進行することが多い。

仕込み

Q14 重石はどのようなものがよいか

A バランスよく荷重をかけられるものを選ぶ

重石として必要な重さは、樽・容器の大きさによって変わってくる。20～30ℓ容器ならば15～20kg、60ℓ容器なら20～30kgの重石が必要。重石として使う石は、大きな漬物石でもよいし、専用の重石を用いてもよい。味噌の重石は味噌の表面全体にバランスよく荷重をかけることが大切。一部に偏って強い荷重をかけると、荷重がかかっている部分はしっかりした味噌になるが、荷重がかかっていない部分は水分の多いベチャベチャした味噌となってしまうので注意したい。

▼小石とプラスチック袋で重石をつくる

私は20～30ℓ程度の小さな容器で使う重石としては、きれいに洗って乾燥した小石をプラスチック袋に詰めたもの

を使うことをすすめている。容器の口に合わせて形状が変えられるので、味噌の表面全体にバランスよく圧力をかけられる。一袋あたりの重量を調整することで持ち上げやすい重さにでき、細かな重量管理も可能なので扱いやすい。

一袋に詰める石の重量は2.5kgくらいが手ごろ。小石をプラスチック袋に入れる際には、きっちりと詰めず、袋の中でジャラジャラと動く程度のゆとりがあるほうがいい。容器の上に置いたときに自由自在に変形できるからである。

▼袋が破れないように二重にすること

2.5kgの小石を詰めるには、26×38cm程度のプラスチック袋が必要。袋の厚みが薄い（0.01～0.015mm）場合は、袋を二重にする。これにより袋が破れて小石が味噌の上に散らばるのを防止できるだけでなく、たまり液が袋の中に侵入するのを防ぐ意味もある。万一、袋の中にたまり液が侵入して小石が汚れた場合は、袋から石を取り出し、再度、洗浄・乾燥して使う。

Q 15 仕込み桶の回りをポリエチレン袋で覆った後、口を閉じた後、口の回りにもポリエチレン袋をかけたが蒸れてしまうのではないか

A 袋をかけても味噌が蒸れることはない

味噌が蒸れるということは、容器・包装した内部の湿度や温度が高くなり、内容物が変質・腐敗した状況と考える。内容物の変質・腐敗は微生物の活動・増殖による結果といえる。もともと味噌には湿度があり、夏季は温度が上昇するため、中が蒸れてしまうのではと心配になる気持ちは理解できなくもない。しかし味噌には、湿度や気温の変化によって変質・腐敗しないようにあらかじめ塩分が加えられている。また、十分な重石がかけられていれば、味噌の内部に空気はほとんど侵入しない。高濃度の塩分で満たされ、酸素濃度も低い味噌の中で増殖できる微生物は限られてくる。こうじ菌や酵母、乳酸菌といった味噌づくりに欠かせない微生物はこのような状況下でも活動・増殖できるので、仕込み桶をポリエチレンシートや袋で覆っても問題ない。

実際には、ポリエチレンシートや袋で覆っても微量の空気は流通するため、味噌が触れていない容器の内側の部分や重石、容器の外側などに味噌が付いていると、それを栄養にして空気を好む微生物（カビなど）が増殖する場合がある。これを避けるには、味噌を仕込んだ後で容器の内外壁を清潔にしておく、汚れていない重石を使用する、などの注意が必要になる。

また容器などの汚れに発生した微生物をエサにする小バエが侵入し、卵を産み付けることもあるので、味噌は密閉できる容器に仕込むなり、覆いをきちんとする。

Q16 重石の荷重が一部に偏っていたが問題はないか

A 荷重の偏りは味噌の品質に影響する

重石は味噌の表面全体に荷重することが基本で、一部に偏って強い荷重をかけることは避けねばならない。偏って荷重をかけると荷重がかかっている部分はしっかりした味噌になるが、荷重がかかっていない部分は水分の多い、ズルズル、ベチャベチャした味噌となる。極端な場合は重石が味噌の中に沈んで行き、重石の回りの軟らかい味噌とたまり液が重石の上に上がってくることもある。

いずれにしても、重石が一部に偏ることは一つの容器の中の味噌でありながら、容器内の位置による品質や風味の差が大きくなり、商品価値を損ねてしまう。重石が一部に偏っていたときは、味噌の全面に均一に荷重がかかるよう、すみやかに重石のバランスを取り直す必要がある。

Q17 夏になって、仕込んだ味噌が湧き出した（泡が出てきた）

A 表面に出てくる泡は、酵母が出す炭酸ガス

味噌の表面に出てくる泡は、酵母がつくりだした炭酸ガスである。何らかの理由で酵母の活動が激しくなり、味噌全体が発酵した結果、大量の炭酸ガスが発生し、湧き出したように見えているものと推測できる。通常、20ℓ程度の小さな桶での味噌づくりでは、湧いて見えるほど大量の炭酸ガスが吹き出すことはない。

考えられる要因の一つは塩分濃度不足。塩分が足りないと、高温時期に酵母の活動を抑えることができなくなる。この場合は塩分を追加することで対処する。ただし、味噌に強い酸味や腐敗臭が出ていないか確認してから塩の追加を行なうこと。強い酸味や腐敗臭があるときは廃棄するしかない。塩分濃度が12％あるのにこうした現象が起きた場合は、重石の荷重不足が考えられる。この場合は、味噌の荷重を重くして、味噌の中に入る酸素の供給を断つことにより、酵母の活動を抑えることができる。

また、高温の環境下にあると発酵は盛んになるので、保管庫の温度を低下させたり、味噌桶を温度の低い環境へ移動することも効果がある。

Q18 夏場に味噌蔵の室温が高くなってしまったが、問題はないか

A 気候風土に合ったつくり方をすれば問題ない

日本の夏は暑くなるのは当たり前のこと。味噌は日本の風土の中でつくられてきた食品で、味噌つくりは日本の寒

さ、暑さを上手に利用してきた。その地域で昔からつくられている味噌には夏の暑さを克服したり、暑さを利用する手だてが折り込まれている。ただし、味噌の保管場所の気温が昼夜を問わず30℃以上もあるなら、その場に保管している味噌の温度も30℃以上になる。このような場合、味噌の色が強い褐色になり、香りも変わってしまう可能性があるので、より涼しい場所に移動するなど、温度を下げるような措置をとることが望ましい。

Q19 醸造中に仕込み容器を外から加温したところ温醸臭がついてしまった

A 温醸臭は加温のしすぎによって起きる

醸造中も温度管理がポイントになる。天然醸造は別として、通年の四季醸造が一般となっている味噌製造工場では、発酵促進のために、ある段階で人為的に仕込み容器の温度を30～40℃にしている。しかしこれは容器の外から加温する作業のため、ともすれば容器が高温になりすぎ、部分的にいわゆる温醸臭がつくことがある。

天然醸造でも四季醸造でも30℃以上になると温醸臭が出たり、味噌の色が褐色化するので温度管理は慎重に行なう必要がある。

Q20 樽に仕込んだ味噌に酸味が出てきた

A 酸味は乳酸菌の働きによるもの

味噌に酸味が出てくるのは、味噌の中で増殖した乳酸菌の活動により、乳酸が大量につくられた結果と考えられる。塩分濃度が12％あれば、乳酸菌の活動は適当に抑制されるため、強い酸味を感じることは少ない。ただし熟成期間が長くなり、二度目の夏季を経過すると酸味を感じる味噌になることがある。

もし一度目の夏で酸味が出てきたとすれば、塩分が足りない可能性がある。塩分濃度が９％以下の場合、温度の上昇にともない乳酸菌の活動が盛んになり、夏の初めから夏の終わりにかけて大量の乳酸が生成され、酸味を感じ、ときには異味、異臭が強くなる。

実は以前、乳酸を中和すれば酸味が消失するので、炭酸カルシウムを添加してみたことがある。しかし味噌の中に炭酸が発生し、ピリピリした刺激が出るなど、本来の味噌にはない味や香りが感じられたので、あまりおすすめはできない。

酸味が軽ければ調味味噌や漬け物床に利用するのも一つの手だ。しかし酸味、異味、異臭が強く感じられるなら廃棄するしかない。いずれにしても味噌に配合する塩分量は微生物の活動、保管場所の温度、発酵・熟成期間、出荷時期を考慮して決めることが大切だ。

Q21 味噌の表面に白いカビが生えてきた

A 白カビに見えるのは増殖した酵母

味噌の表面に生える白カビはカビではなく酵母である。酵母は空気（酸素）があれば活発に増殖し、空気がなければ増殖しにくくなる。したがって対策は、味噌の表面が空気に触れないようにすることである。透明なプラスチックフィルムを味噌の表面に密着させ、空気を遮断すると酵母の増殖は防げる。

味噌の表面に酵母が白カビのように出てきても、通常、中の味噌の品質には問題はない。味噌を手入れしたり出荷したりする際には、表面の酵母と同時に、その下部（表面から数センチ程度）にある変色した味噌（ふた味噌）も廃棄するとよい。なお、変色したふた味噌も利用したい場合には、変色や異味、異臭がわからないような調味・加工を行なえば利用できないわけではない。とはいえ、副材料、資材に費用がかかり、労力が必要なわりに、味よく、誰からも喜ばれる加工品とすることは困難である。

天地返し

Q22 土用前の天地返しのときに上部にあったたまり液の風味がよいので味噌に混ぜ込んだところ、ドロドロの味噌になってしまった

A 味噌とたまり液は分けて利用する

味噌の表面に出てくるたまり液は、一定の重石をかけたときに味噌が保持できない液体成分。たまり液にはよい風味があるが、実は味噌にも同様の風味が付いているので、混ぜ込んでも風味は変わらない。むしろ味噌の水分が過剰となって軟らかくなりすぎ、極端な場合にはドロドロになってしまう。

軟らかい味噌は味噌汁にしたときに溶きやすいというメリットはあるが、容器に入れて保管している間にたまり液が分離し、見た目が悪くなるだけでなく利用しづらくなる。味噌は、ある程度しっかりした硬さと粘りがあったほうが利用しやすいものだ。したがってたまり液は味噌と分けて管理し、ごく少量しか採れない貴重品として、利用あるいは販売したほうがよい。

なお、天地返しの後も味噌は発酵を続けるので、味噌の中ではさらに水分がつくられ、時間の経過とともにさらに軟らかくなるが心配は無用。天地返しの際にたまり液を混

ぜ込んでしまっても、しっかりと重石をしておけば、混ぜ込んだ液と天地返し後に味噌の中でつくられた水分は、やがてたまり液として味噌の上に分離してくる。このたまり液を取り分ければ、味噌はしっかりしたものとなる。

仕上がり

Q23 できあがった味噌にてりがない

A ダイズの品種によっては、てりが出ないことも

原料に使ったダイズの特性によって味噌のてりは左右され、なかには味噌にしたときにてりが出ない品種のダイズもある。まずは原料ダイズの特性を調べ、てりの出るダイズか、てりの出ないダイズかを明らかにする。てりが出ない、あるいはてりの少ないタイプのダイズであれば品種を変えるだけである。一方、てりの出るタイプのダイズであるにもかかわらずてりが出ないときは、味噌の仕込み工程をチェックする必要がある。

できれば品種や栽培条件の異なる何種類かのダイズを原料として標準的な工程で味噌仕込みを行ない、ダイズ自体の問題なのか工程の問題なのかを検討するとよい。

Q24 味噌の水分が多く、軟らかい

A 仕込み時の水分過多の可能性が高い

味噌の水分が多く、軟らかくなるには、いくつかの原因がある。

しばしば、ダイズの煮汁が甘くておいしいからと、種水としてたくさん入れた結果、水分過多になる例が見られる。ダイズを蒸したときには、ダイズの水分が少ないので仕込み時に種水を加えるが、煮た場合はダイズ自身に十分な水分が含まれているので、種水は加えなくていい。

また、ダイズを大釜で煮た後、火を止めて一晩放置しておいたところ、ダイズが煮汁を全部吸ってしまったというケースもある。通常の煮方では蒸煮後のダイズの重量は蒸煮前の2.2～2.3倍程度だが、煮汁を全部含ませるとそれ以上の重さになる。

このほか、ダイズを煮た後の水切りが不十分だった場合も水分量が多くなる。ダイズの水切りは十分に行なうことが大切。

このように仕込み時の水分が多すぎたときは、当初予定していた塩分量では塩分濃度が不足するので、仕込み前に蒸煮ダイズの重量や加えた水の量などを測定し、適切な量の塩分を加えることが必要になる。

仕込み後は重石をのせ、天地返しの際にたまり液が出ていたら、取り分けるなどして、適宜、味噌からしみ出る水分を取り除いていき、味噌が適度な硬さとなるように管理する。

Q25 塩分が少なかったためか、味噌の味がよくない

A 塩分の少ない味噌は賞味期間が短くなる

味噌の塩分が少ないのには、意識して塩を少なくした場合と、誤って塩を少なくしてしまった場合の二つのパターンがある。

意識して塩を少なくする理由の多くは、塩分の摂取量を減らすための減塩であろう。しかし減塩のために味噌の塩分濃度を8～10％に落とすと、発酵が速く進み、速く旨味や香りも出るが、品質変化も速くなり、おいしく食べることができる期間が短くなる。さらに塩分を極端に少なくすると、味噌としての発酵はせず、腐敗や酸敗となる。一年間おいしく食べられる味噌とするには、やはり塩分濃度は12％とすることが望ましい。

▼塩切りこうじを使うときは要注意

ちなみに誤って塩分を少なくした例として、以前私が経験した中に塩切りこうじの塩分量が間違っていたケースがあった。地域の加工所で大量の味噌を仕込むため大勢の人が参加し、効率的に運営するため作業を分担していた。作業は順調に進んだが、できあがった味噌の味がおかしいというので調べたところ、実は塩切りこうじをつくるときに、担当した人がこうじに加える塩の量を間違えていたことがわかった。この味噌は甘味がなく、酸味を強く感じるもので、結局、大量に仕込んだ味噌をすべて廃棄せざるを得なかった。

このように塩切りこうじをつくる段階で塩分量を間違えてしまうと、あとでチェックすることは困難になる。塩切りこうじをつくるときは、くれぐれも慎重に。

なお、味噌がだめになる前に塩分濃度が足りないことに気づいたときは、前述のように、あとからでも塩分を追加することで味噌を助けることができる。

Q26 味噌の色が濃くなってしまった。種こうじも色に影響を与えるのか

A こうじ菌以外にもいろいろな要因が考えられる

味噌の色が濃くなる原因はいろいろあり、その一つにこうじ菌もあると考えられる。甘酒をつくる際、こうじ菌の種類によって、甘酒が白く上がるものとやや黄色が強くなるものがある。したがって、こうじ菌の違いによって色に

差が出ることは確かだが、それが味噌の色の変化にどの程度影響するかはよくわかっていない。

むしろ味噌の色合いについては、こうじの種類よりも、前述したようにダイズ自身が持っている成分や発酵のさせ方などの影響が大きい。ダイズの品種、洗浄時の皮剥けの有無、蒸熟の方法、水煮時の煮汁の処理、塩分濃度、仕込み後の管理、熟成期間などによって変わってくる。味噌の色を薄くしたいのなら、若いこうじを使う、ダイズの水煮を繰り返す、熟成時の低温管理などの方法を試してみることをおすすめする。

Q27 味噌樽にウジ虫が発生した

A 大切なのは容器をきれいに保つこと

味噌樽の上部や外側に付着した汚れ（味噌）に酵母が繁殖し、その酵母に小バエ（ショウジョウバエ）が卵を産みつけ、孵化したのが原因と考えられる。

重石をきちんとしていればウジ虫は味噌の内部にまでは侵入できないので、ウジ虫の発生しているところを取り除き、容器をきれいにするとともに、ウジ虫が混入しているおそれのある部分の味噌を廃棄する。

ウジ虫発生の予防対策としては、作業時に付いた味噌樽、味噌容器の汚れ（味噌）をきれいに拭き取り、酵母の繁殖を防止することが第一。仕込み時には気が付かないうちに味噌が付いた手で樽や容器に触れているので、味噌仕込みがすんだ後は固く絞った濡れ布巾で樽や容器をきれいに拭く習慣をつけておきたい。

▼容器上部をシートで完全に密閉すれば完璧

味噌の表面に生える酵母の繁殖を防止するために、味噌の表面にプラスチックフィルムを密着させる。

また、味噌からにじみ出たたまり液が上部にたまると、これにも酵母が繁殖する。ここに小バエが近寄らないようにするには、味噌樽の上部をプラスチックシートですき間のできないよう完全に覆うことだ。樽の上部をプラスチック製のシートで覆い、しっかりとひもでしばる。どうしても樽とシートの間にすき間ができるときは、衣料用のゴムひもを使ってしばると、ほぼ完全に密閉できる。

Q28 仕込み時の水分量には十分注意したにもかかわらず味噌の仕上りが軟らかい

A 重石の重量不足で水分が抜けていないのが原因

原因としては、重石の重量が不足していることが考えられる。

仕込み時には水分過多ではなくても、米のデンプンやダイズの多糖類が酵素によって分解されると副産物として水分が出てくる。重石の重量が不足すると、この水分が樽の下部にたまり、固形分が水分の上に浮き上がる。そのため、味噌樽の上のほうはしっかりしているのに下のほうは水分が多くなる。十分な荷重がかけられる重石をのせて、水分を味噌の上のたまり液として出し、これを取り除けば次第に味噌全体がしっかりとした硬さになってくる。

なお、原料のダイズやこうじの水分が多かったなども味噌が軟らかくなる原因となるが、これらも十分な重石をして、たまり液を味噌上部に出し、天地返し時や製品出荷時にたまり液を取り分ければ味噌はしっかりとした硬さになる。

包装

Q29 自動計量包装機は必要か

A 出荷量が一定以上なら備えておきたい

味噌の出荷時は、1パックごとに味噌を計量して出荷容器に詰め、包装しなければならない。この作業を手作業で行なうと熟練した人でもかなりの時間を要する。

たとえば20kgの味噌を５００ｇずつ量って、容器に詰めると1時間前後はかかる。また、手作業では容器の汚染、異物混入といった事故の発生リスクも高くなる。

したがって作業効率、衛生管理などの観点からは自動計量包装機は大変有効といえる。使用頻度や導入しなかった場合のコストと購入価格・運転経費・保守管理コストなどを天秤にかけつつ前向きに検討したい。

Q30 包装した味噌が膨らんでしまった

A 味噌の発酵による炭酸ガスが原因

包装した味噌の中で酵母などの微生物が活動し、炭酸ガスが発生したことが原因と考えられる。

味噌が膨らんできたときには、微生物の活動による発酵や分解が進み、味噌の成分は変化している。活発になった微生物の種類によっては、よい香りが強くなることもあるが、逆に異臭が発生したり、風味が変化することもある。試しに開けてみて風味がよければそのまま販売することもできるが、異味異臭が感じられたものは販売を中止する。

▼加熱・アルコールで微生物を抑制

対策としては、低温管理を徹底し、微生物の活動を抑えることがいちばんよいが、販売時の状況によっては温度管理が困難な場合もある。このようなときは包装前、あるいは包装後に味噌を加熱殺菌しておくといい。ただし加熱殺菌の条件によっては味噌の風味が変化するので注意が必要。また、包装時にアルコールを添加して、微生物の活動を抑制するのも効果がある。ただしその場合、成分表示にアルコール使用を記載しなければならない。

加熱処理やアルコール添加をしたくないならば包装方法を見直し、炭酸ガスがたまらないようガス抜き穴のある包装する、密封しない容器に入れる、炭酸ガス透過のよい包装資材を使う、などの方法が考えられる。

Q31 味噌を包装したポリエチレン袋から液がしみ出てきた

A 包装資材の選択ミスの可能性も

ポリエチレン袋の表面全体から味噌の液がしみ出るなら、包装資材の選択ミス。表面から味噌の液がしみ出ない包装資材に変更する。ポリエチレン袋の底シール部分の端から味噌の液が漏れている場合は、ポリエチレン袋を成型するときのシール不良なので、シール部分を確認し、底シールをやり直す。成袋メーカーに問い合わせ、対応を検討してもらう。あるいは成袋メーカーを換える。

Q32 包装した状態の味噌の袋の中に、液体がたまっている

A 原因は味噌の水分過多

包装した時点で味噌中の水分量が多かったのが原因。味噌の中の水分の比率が45～50％までなら液が分離することは少ないので、おそらくそれ以上の水分量になっていると思われる。このように味噌とたまり液が分離しても、塩分濃度が12％であるなら変質することは少ないが、商品としては見劣りするのは否めない。

対策としては、仕込み時はもちろん、熟成期間中も味噌の水分が多くならないように注意することである。

まず樽に仕込んだ味噌には重石で十分な荷重をかけてたまり液を出させる。天地返しや口切り・包装といった作業の開始時には、必ずたまり液を取り除いて味噌の水分を少なくしておく。

PART 3
納豆

市販納豆を種菌に使った家庭用納豆

【小清水さんの家庭用納豆の特徴】
・家庭でつくるなら市販納豆を種菌に使う
・準備万端整えて、一気呵成に熱いままに作業する
・製造管理は清潔を旨とする

日本の風土の中で培われた発酵食品「納豆」

納豆は、ダイズが日本に持ち込まれると同時に、日本の風土の中で自然発生的に誕生したものと考えられる。東南アジアや熱帯アジア、アフリカにも納豆と似たダイズの無塩発酵食品があり、それぞれ関与する微生物についても類縁性がある。

日本各地における納豆の伝統的な製法や利用法は、それぞれの土地の気候・風土に合わせて確立されてきた。その多くは自給的につくられてきたもので、複雑な工程はもっていないし、利用法も単純なものが多い。

ご承知のとおり、納豆づくりの基本形は煮豆をわらで包み、保温することである。昔の人々は、発酵のメカニズムはいうまでもなく、納豆菌の存在すら知らなかったが、代々の成功や失敗の経験を伝えることにより、その地域の気候・風土の中で最適な納豆のつくり方を編み出し、伝承してき

写真１　原料ダイズと各種容器に入った納豆

た。納豆が商業的につくられはじめたのは江戸末期とされるが、その後も長く家内工業的な生産の域であった。

　しかし１９６０年代に消費・流通が変化し、量販店・スーパーマーケットの出現により、大量生産・大量消費の時代を迎えると、煮豆の充填機や自動納豆発酵室が開発され、納豆生産の工業化が促進された。また、流通段階では冷蔵庫の普及による低温管理が進み、コールドチェーンが確立。１９８０年代には生産システムが自動化された工場も出現し、これにより納豆業界は近代発酵産業の一翼を担うこととなった。

「昔ながらの方法」が最良ではない

生産・流通・消費の近代化が進むなかで、納豆は手づくりするものから購入するものへと変わったが、基本的な微生物管理、衛生管理ができるなら、誰でも家庭で手軽に納豆づくりを楽しむことができる。

　市販されている納豆の味や香り、粘りなどは原料ダイズに由来するものと納豆菌に由来するものがある。納豆の豆の大きさ、形、色、甘味などは原料ダイズに由来するもので、納得のいく原料ダイズを使うことで解決する。納豆の旨味や香り、粘りの強さなどは納豆菌の性質に由来するので、望む特性のある納豆が手に入るなら、その納豆を種菌として使えばよい。

　なかには昔ながらの方法にこだわり、稲わらに自然についている微生物を使おうとする人もいるだろう。伝統的な納豆製法は、熱い煮豆をわらづとに包んで囲っておくと納豆になる、というものであり、天然、自然の納豆菌を使うことに意義がないわけではない。しかし、これには多くの失敗事例があったことを知らなければならない。

　伝統的手法を試みた失敗事例のなかで最も多いのは、納豆の香りや味がよくないといった風味に関するものだが、これはそれほど重大な問題ではない。最も気をつけるべき問題は食中毒菌の増殖による食中毒の発生である。天然のわらにはさまざまな微生物が付着しており、そのなかには毒性の高い食中毒菌も含まれている可能性がある。したがって、安易な使用は避けるべきだといえる。一方、衛生管理のゆきとどいた環境で適切な素材を使ってつくれば、このようなリスクは、ほぼゼロにすることができる。

長期保存は「冷凍」するか「ほし納豆」で

衛生的に問題のない納豆であっても、賞味期限は意外と短い。なかにはアンモニアのにおいが出てこないとおいしくないという人もいるが、一般的な判断では，アンモニア臭がするものは商品限界といえる。これは20℃くらいの温度では1週間以内ということになる。

低温下では微生物の活動も抑えられるので、冷蔵すれば1週間程度ではアンモニア臭はしてこない。ただし納豆の中に白い小さな結晶ができ、ざらざらしてくる。これはチロシンというアミノ酸の結晶であり、とくに害はないが、食感は悪くなるので注意したい。

長期間保存するためには、乾燥させて「ほし納豆」とする方法がある。ほし納豆は水戸名産として有名。地域特産加工品として、ほし納豆を副材料に使用したせんべいなどもある。納豆はそのままでは糸を引き、加工原料として扱いにくいので、加工原料として利用するときには、このように乾燥した納豆を使用することが多い。

なお、冷凍が発達した現代では、乾燥しないように包装して冷凍庫に保管すると、かなり長く保管することができる。

写真２　中国伝来の塩辛納豆

写真３　原料ダイズ
左からエンレイ、納豆小粒、津久井５号

納豆の原料

●ダイズ

納豆業界では小粒で吸水がよく、煮豆にしたときに組織が滑らかで軟らかく、弾力があって、甘味が強く、風味がよいものを最良の納豆用ダイズとしている。含有成分からみると、低脂肪、高炭水化物、球形、小粒、白目で種皮は比較的薄いものが望まれている。

しかし販売を考えずに趣味でつくるなら、ダイズは大粒でも小粒でも、色がついていようがいまいが、何でも利用できる。今でこそ，納豆は小粒といわれるが、昔は大粒、中粒のダイズが納豆原料に用いられていた。結局のところ、大粒がいいか小粒がいいかは、一人ひとりの好みの問題といえる。

ただし、古いダイズ、とくに常温で1年以上おいたダイズは煮ても軟らかくなりにくいので使わないこと。

●納豆の種菌

納豆菌は種菌製造・販売業者がおり、市販も行なわれているが、納豆製造の専門業者向けにつくられていることが多く、販売単位、価格、入手後の管理などは家庭や単発の講習会で少量つくるには適していない。家庭レベルで納豆をつくるなら市販納豆を種菌として利用するのが最も手軽である。上手にできると納豆の香りや粘りは種菌として用いる納豆と同じになる。

ただし、販売する製品はこの方法でつくってはならない。市販納豆は種菌として使用するためにつくられてはおらず、種菌としての品質管理や流通販売管理もされていないので、全責任が製造した者にかかってくる。また当然のことながら知的所有権にかかわる問題も出てくる。したがって販売する納豆は、品質管理された種菌を別途購入して用いねばならない。

なお、納豆菌は１９０５（明治38）年、東京の農科大学の沢村真助教授により発見され Bacillus natto SAWAMURA と命名された。微生物の分類学書では１９４８（昭和23）年に枯草菌（Bacillus subtilis）に含められ、以来納豆菌は国際的には独立した菌種として認められていない。しかし、納豆菌は枯草菌とは異なる性質を持つことも報告されているため、納豆製造の分野では現在でも納豆菌の名が広く用いられている。

製造工程

作業としては、はじめに保温できる状況を確認し、清潔な容器と市販納豆を用意する。ダイズが煮えたらすばやくダイズの水を切り、熱湯に市販納豆を入れた納豆菌液を別途用意し、種付け、容器入れという手順になる。

製造工程を図１（次ページ）に示す。

洗浄

●ダイズは手早くゴシゴシ洗う

市販されているダイズは収穫適期に状態よく収穫され、汚れが少ないものであったり、ビーンクリーナーで汚れが除かれているものが多い。

大産地ではコンバイン収穫をしているが，収穫時のダイズの状態によっては茎や葉の汁で汚れた汚粒ダイズとなる。小さい産地では茎を切ったり、抜き取って畑で乾燥（しま立て乾燥）するが、このときは土汚れが大量に付着して

図１　納豆の製造工程

［原料と仕上がり量］
原料：ダイズ 300 g、市販納豆５～10 g
仕上がり量：600 g（100～120 g包装で５～６パック）

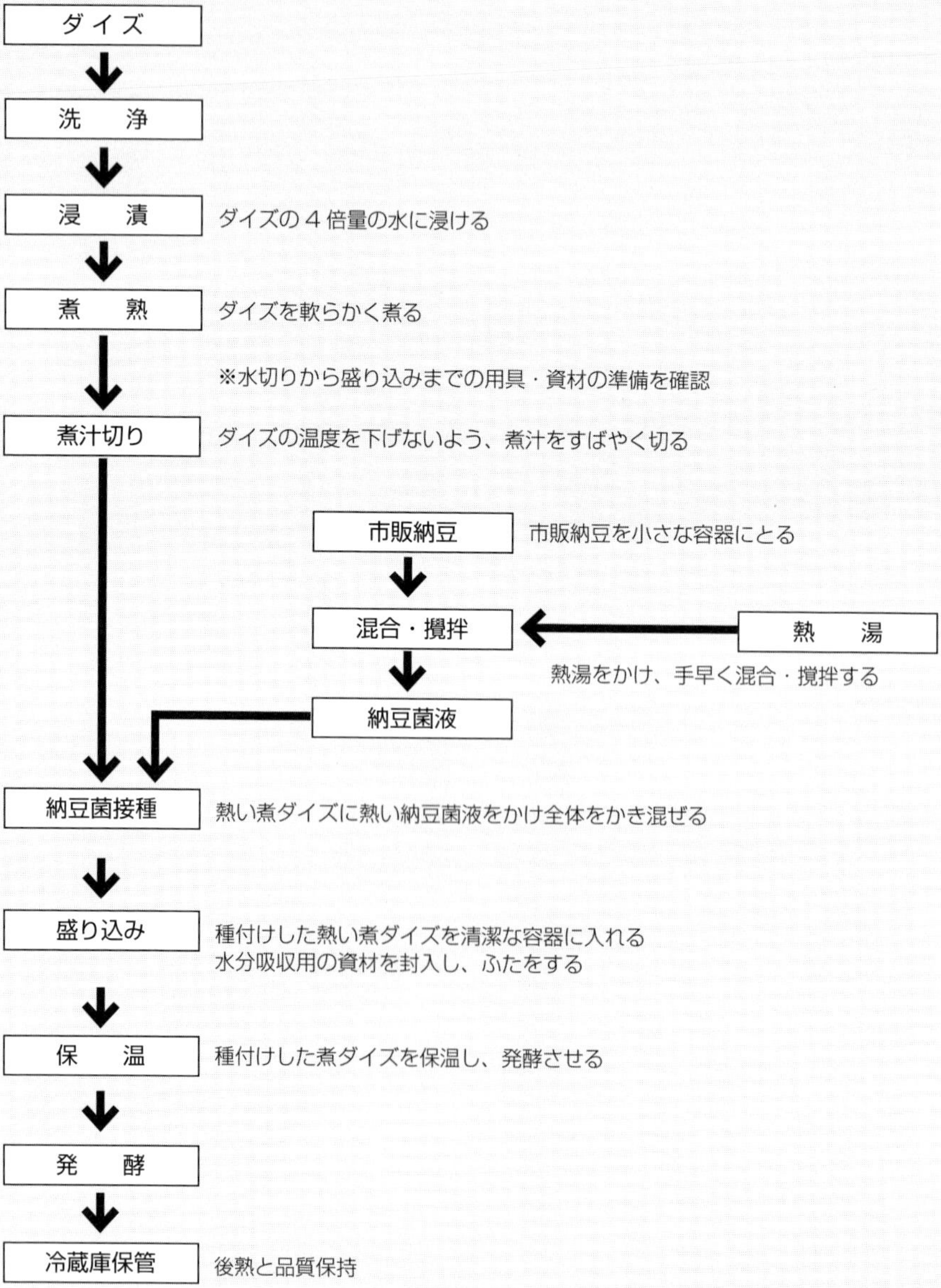

いる。ダイズの表面についている土や汚れには納豆づくりに悪影響を及ぼす微生物も多量についているので、土や汚れといっしょに取り除かねばならない。

ダイズの量が100g～1kgと少ないなら、ネット袋に入れてもみ洗いする。5～10kgならば洗い桶に入れ、まな板を差し込んでこじり洗い（差し込んだ板の上端の左右をつかみ、板の縦方向の中央線を軸にして1／4～半回転を繰り返し、ダイズをこすり合わせる）する。10kg以上あるときは数キロずつ小分けして洗うか、専用の洗浄機を導入する。

水洗いはダイズを壊さないようにしながらも、手早くゴシゴシすり合わせて洗うことがポイントである。皮を破らないように洗わねばならない。原料によっては皮が破れた裂皮ダイズが含まれていることがあるが、納豆としては皮を残すなら全部のダイズが皮付き、皮を剥くなら全部のダイズが皮なしのほうが扱いやすい。

納豆には、丸大豆のままの粒状納豆と、ダイズを粗く挽割り皮を除いた挽割り納豆とがある。皮付きの粒状で製品化したものと挽割りして製品化したものでは工程のあらゆる場面で条件が異なるだけでなく、納豆の風味も違ってくる。家庭ではダイズの挽割りが難しい。その理由はいくつかある。浸漬時間が短くなるが、挽割りの大きさで長短の調節が必要である。蒸煮の条件が変わる。粒に比べ圧が低く、時間も短くなる。蒸煮時の水も抜けにくいなどである。

ここでは粒状納豆のつくり方を中心に述べていく。

浸漬

●ダイズ浸漬は4倍の水で

ダイズ重量の4倍程度の水（ダイズ5kgなら水20ℓ）に浸ける。乾いたダイズが水を吸うと、重量は約2.3倍、容積は2.6倍以上になる。入れる水が少ないと容器の上のほうにあるダイズが水面から出てしまい、一部のダイズが吸水不足となるので要注意。

ダイズの吸水速度は水温が高いときほど速い。したがってダイズを浸漬する時間は、そのときの水温によって変える必要がある。水温0～5℃（冬の寒いとき）なら24時間、水温10～15℃（春と秋）なら15時間、水温20～25℃（夏）なら6時間前後となる。

また、粒の小さいダイズは大きいダイズよりも速く水を吸う。ダイズの吸水加減は、胚乳の内面のへこみが平らになったときがちょうどよい状態である。

なお、浸漬時間が長すぎると、いわゆる浸けすぎの状

写真４　吸水して約 2.4 倍になるダイズ
（品種は「秘伝」）

態になる。これはダイズが発芽の準備完了段階から発芽状態になることを指し、水温が15℃以下ならあまり問題にならないが、水温20℃以上のときは異臭が発生したり、不要な微生物の増殖にもつながるので注意する。

蒸煮

●圧力釜で30分加圧蒸煮、余熱でさらに軟らかくする

納豆用のダイズは、親指と薬指でつまむと簡単に潰れるほど軟らかくなるまで煮る。圧力鍋を使う場合、強火で30分加熱し、あとは圧力が抜けるまで（10～15分）待てば、この軟らかさになる。

常圧で煮る場合は、通常3～4時間かかるが、沸騰するまで加熱してから、そのまま一夜おき、再度加熱するという方法をとれば、燃料費を短縮することができる。ただし、加熱したダイズが十分に煮えないうちに火を止めると、残存していた土壌微生物などが増殖して、ダイズや煮汁が変質するので最初の加熱は十分に行なう。

●湯切りはすばやく。品温を60℃以下に下げない

蒸煮が終わったダイズをザルにあけ、温度を下げないよう、すばやく煮汁を切る。煮上がったダイズを冷ましたり、煮汁切りをゆっくりやって、煮たダイズの温度を下げてはいけない。ダイズの温度を60℃以下に下げないようにするのがポイント。煮汁切りの間、湯気がもうもうと立っていれば、上昇気流によって煮ダイズの上に浮遊している微生物が落ちてこないので、微生物汚染を防ぐことができる。

種付け

●沸騰した熱湯で納豆菌液（スターター）をつくる

市販納豆を使って納豆菌液をつくる。まず市販納豆5～10粒を清潔な茶碗に入れ、これにチンチンと沸騰した熱湯を加える。なお、湯の温度が低いと雑菌が混ざり込む可能性があるので、必ず熱湯を使うこと。熱湯を入れたらすぐ

にきれいな棒・箸などでかき混ぜる。液がトロトロになったら、最初に加えた市販納豆のダイズは均一なできあがりの障害となるので取り除く。

●種付けは熱いダイズに熱い納豆菌液で

トロトロの納豆菌液には大量の納豆菌が混じっている。煮汁を切った熱いダイズに、納豆菌液をまわしかけて全体をかき混ぜる。このとき、熱いダイズに熱いトロトロの納豆菌液をかけることが重要。煮熟ダイズ、納豆菌液のどちらの温度が下がっても、納豆菌以外の微生物が混入する可能性が大きくなる。したがって納豆菌液づくりはダイズを蒸煮している間に進め、ダイズが煮上がったらすぐに種付けができるよう準備しておくこと。

●菌接種から保温までは数分間ですませる

煮上げたダイズに納豆菌を植え、容器に入れ、保温するまでの時間はできるだけ短く、数分以内に処理するのがポイントである。ダイズの量が多ければ品温は急激に下がることはないが、ダイズの量が少なければすぐに室温近くまで下がってしまう。温度が下がると上昇気流がなくなり、落下する微生物も多くなるので、手早く処理しなければならない。

充填

●容器充填の際には発酵による内部水分除去の工夫を

種付けしたダイズを発酵容器に入れる。容器は深さ2〜3㎝くらいの清潔なものを使うこと。ダイズを入れたら、表面に穴を開けた薄いプラスチックフィルムをのせる。プラスチック製の容器は発酵中に出る水分が内部にたまるので、ふたに水分を逃がす穴を開けたり、水分を除くために清潔な厚紙片や清潔な布巾、ガーゼなど水分を吸収する資材を入れたりするとよい。

なお、ふた付きの容器でも、ふたはぴちっと閉めず、のせる程度にする。紙コップは水分がたまらず、容量も適当で、納豆づくりの容器としては優れている。

保温・発酵

●品温30℃で1日経過させれば発酵終了。品温を下げない

納豆菌を種付けしたダイズを保温し、発酵させる。納豆の発酵に必要な温度は約30℃であり、この温度を1日保てれば発酵は終了する。温度が低くても高すぎても発酵はうまく進まない。専用の保温装置・恒温器があればベストだが、冬ならこたつに入れる、夏なら風が納豆容器に当たらないようにして日なたに置く、といった方法も有効である。

写真５　簡易な納豆発酵機

納豆容器の数が少ないなら、使い捨てカイロをタオルなどでくるみ、保温剤として使う方法もある。

なお、品温が30℃以下になってしまうと、上げるのは大変になる。品温の下がりすぎは失敗の最短距離にあるので、温度が30℃以下に下がらないよう注意する。

こうじ用の発酵器を納豆づくりに使う話を聞いたことがあるが、これは絶対にやめたほうがいい。こうじづくりに納豆菌は大敵であり、発酵機に納豆菌が付くことは、こうじづくりの失敗に直結するからである。

後熟

●発酵・分解によるアンモニア臭を抑えるために冷蔵庫で後熟

発酵を終えたら、冷蔵庫へ入れる。30℃で1日保温したダイズは表面に納豆菌が増えて、白い粉をふいたようになる。発酵を終えたばかりのものは、まだ味が熟成されていないので、冷蔵庫に1日入れて後熟させる。後熟では納豆菌酵素によってダイズタンパクからアミノ酸が生成され、味が熟れて、風味が増す。

できた納豆は、すぐに食べないなら冷凍保存する。温度が高いと再発酵がはじまり、アミノ酸が分解されてアンモニア臭が出る。冷蔵庫に入れておいても1週間くらいするとザラザラした白い粒が納豆の表面に出てくる。この白い粒はアミノ酸の一種のチロシンが結晶したもので、食べても問題はないが、食感が悪くなる。

また、納豆の特徴であるネバネバも、しばらくは強くなっていくが、ある時期をすぎると急速に弱まり、水っぽくなってしまう。これは納豆菌がネバネバの成分を自己で分解して再利用するからである。

包装

市販の納豆はポリスチレン、経木、わらづと、ポリエチレンなど、いろいろな容器に包装されているが、家庭で納豆をつくる場合、市販されているような包装容器を用意するのは困難な場合が多い。経木、わらづとなどは材料が手近にあるのだからつくればよいと思われるかもしれないが、天然のわらには無数の微生物が付いている。

昔はわらづとに煮ダイズを入れてつくっていたのだから大丈夫だ、という人もいるが、過去にはわらづとに付いた微生物による食中毒事故が何度も起きている。現在、業者が使っているわらづとは、すべて殺菌処理が施されており、個人が手に入れるのは難しい。

そのようなリスクのある方法にこだわらなくても、プラスチック製、紙製などいろいろな材質、形のものを発酵容器として使うことができる。

ただし、納豆は発酵中にかなりの量の水を出すので、この水分を吸収または透過する必要がある。水分を吸収・透過しない容器を使用するときには、乾いた清潔な厚紙片や布巾、ガーゼなど容器の内底に敷くとよい。

写真６　各種の容器
左より PSP（ポリスチレン）製ヒンジパック、紙コップ、PE・PP（ポリエチレン／ポリプロピレン）製パック

写真７　納豆用のわらづと

納豆Q&A

ダイズ蒸煮

Q01 ダイズの蒸煮が適正かどうかどのように判断すればいいいか

A 上皿台秤で潰れるときの圧力を測定し平均をとる

納豆用のダイズは、煮ダイズを親指と薬指でつまんで潰したときに簡単に潰せる程度の軟らかさでなければならない。味噌用のダイズよりもさらに軟らかく煮ることが必要。

家庭用の圧力鍋を使う場合、30分加熱し、あとは圧力が抜けるまで放置すれば余熱で軟らかくなる。圧力をかけず常圧で煮る場合は3～4時間の蒸煮が必要。企業が使う加圧蒸煮では1.5～1.7kg／㎠で25～30分加熱し、圧力が抜けるまで待つというやり方をしている。

蒸煮後のダイズの軟らかさを正確に測るには、上皿台秤（キッチンスケールでよいが、デジタルよりも時計目盛りのほうが記録を確認しやすい）を使う。30℃に冷ました煮ダイズ1粒を上皿台秤の上に1粒のせ、人差し指の先でゆっくりと押してダイズが潰れるときの圧力を読み取る。

正確を期すために50粒を測定して平均値を求めるが、数値が２５０ｇ以下になることが必要。それ以上だと硬い納豆になる。ダイズの硬さはバラツキの少ないことが望ましい。

種付け（菌接種）

Q02 ダイズの煮汁を十分に切ろうと思いザルに上げておいたところ、品温が40℃まで下がってしまった

A 納豆づくりをやめ、食材として活用

品温が50℃程度までなら、煮ダイズから上昇気流が上がっており、雑多な微生物の落下による汚染の危険性は少ない。煮ダイズの温度を下げないようにすみやかにスターター（納豆菌液）を接種し、容器に充填すればよい。

しかし、微生物管理された加工室以外で品温が30～40℃に下がっていると、煮ダイズの上に雑多な微生物が落下している可能性もあるので、納豆つくりを止める。電子レンジで簡単に温度を上げることができるが、この品温の下がった煮ダイズを電子レンジにかけて温度を上げても、落下

してきた雑多な微生物は殺菌できない。この場合は、昆布などと炊き込んで煮豆にするなど、納豆以外の食材として活用したほうがよい。

Q 03 わらづとに蒸煮ダイズを入れたが、なかなか発酵してこない

A わらづとに付いている納豆菌が少ない可能性も

わらづとに付着している納豆菌が少ないか、あるいは納豆菌が全く付着していないためと考えられる。

わらづとを利用する場合、使用したわらに存在する菌の数（初発菌数）が少ないためにうまく発酵してこない例がしばしば見られる。あくまでわらづとにこだわるのなら、何度も試行錯誤を繰り返すしかない。

そもそも自然界に存在する納豆菌によって、嗜好にあったおいしい納豆がつくれるかどうかはわからない。菌によっては糸引きが弱かったり、異臭がすることもある。

また、雑多な微生物の増殖により、味が落ちるだけでなく、食中毒につながるおそれもあることを認識する必要がある。

Q 04 スターター（種菌）を入れ、容器に盛り込んだが順調に発酵してこない

A 発酵室の温度か、スターターの入れ方に問題があった

品温が低いか、スターターの攪拌混合が不十分で種付け時に種菌が十分に回らないまま容器に盛り込んでしまった、といった原因が考えられる。

まず発酵室の温度設定を確認し、適正な温度になっているかどうかをチェックする。それが問題なければ、スターターの希釈割合や混合方法を確認。

次回からはスターターを入れたらすばやくダイズを攪拌混合し、納豆菌が全体に回るように心がける。

Q 05 スターターを混ぜ込むときの蒸煮ダイズの温度が30℃以下だった。発酵してくるかどうか不安だ

A 発酵開始時の品温が低いと発酵が遅くなる

発酵開始時の品温が低すぎると、順調な発酵は期待できない。品温が下がっているなら、盛り込み前に電気毛布などで温度を上げ、ダイズが発酵初期から30℃を超えるような発酵管理をする。

盛り込み・発酵

Q06 プラスチック製の容器に盛り込んだが、発酵中に容器の底に水がたまってきた

A 容器の上部に水蒸気抜きの小穴を開けておく

納豆菌は発酵中にダイズの糖質をエネルギー源として利用し、代わりに炭酸ガスと水を発生する。この水が容器の底にたまったものと思われる。発酵中に発生する水分を容器内に留めないよう、発酵容器の上面に水抜きの小穴を開けておくとよい。

市販の納豆パックもよく見ると、ふたに小さな穴がたくさん開いているのがわかる。

納豆の容器としてわらづとや経木が適しているといわれるのは、空気の流通がよいことに加えて、納豆菌が発生する水分を吸収し、品質のよい納豆が製造できたことによる。

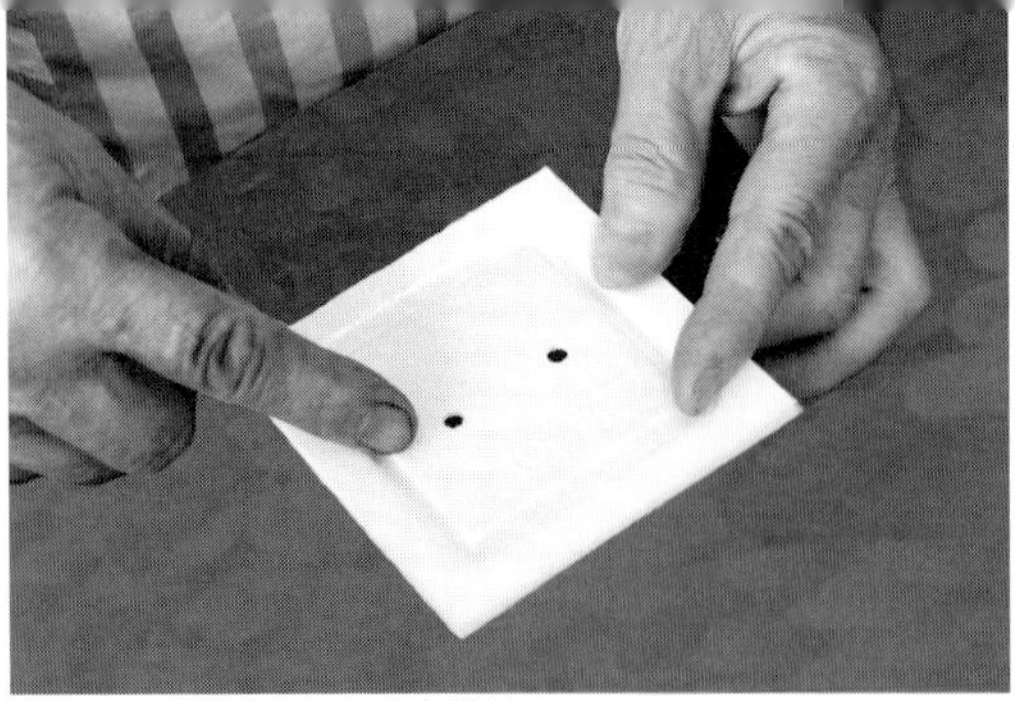

写真８　容器のふたに穴を開ける

Q07 恒温器がないので、こうじ発酵機を恒温器の代用にして納豆を発酵させた

A こうじと納豆の発酵機共用は厳禁。絶対にやめるべき

今後もこのこうじ発酵機を納豆つくり専用にするなら、特段の問題はない。しかし、こうじ発酵機を今後もこうじづくりに利用するつもりなら、大問題が生じる。納豆にこうじ菌が入っても品質の低下はないが、こうじに納豆菌が入るとこうじの品質が低下し、使い物にならなくなる。

このこうじ発酵機を今後もこうじづくりに使おうと考えている場合は、本格的なこうじづくりに入る前に、発酵機の隅々まで洗浄およびアルコール消毒を行なった後、少量のこうじを試作して納豆菌の汚染がないことを確認しておく必要がある。こうじつくりと納豆つくりの装置共用は絶対に避けなければならない。

写真９　小型こうじ発酵機を納豆用に使う

仕上がり

Q08 できあがった納豆が水っぽい

A 水分を外に逃がすか吸収する工夫が必要

納豆の発酵中、納豆菌はダイズの糖質をエネルギー源として利用し、その産物として炭酸ガスと水を発生する。そのため、納豆ができあがったときには容器内に水がたまってしまう。容器に吸湿性がある素材が使われているならその水分を吸収するが、プラスチック製容器では水を吸収しないため、納豆が水っぽくなったり、水分が容器に水滴として付くこともある。包装容器を吸湿性のあるものにする、吸湿できる乾いた紙や布を封入するなどの対策をとる。

Q09 発酵工程を終えたが納豆が糸を引かない

A 納豆菌ファージ汚染の可能性がある

納豆菌の天敵である納豆菌ファージ（ウイルスの一種。バクテリオファージ）汚染によって、納豆菌が繁殖できなかった可能性がある。納豆菌ファージは作業所の床や壁の湿った部分や、製造道具、機械などの汚れにとりついていることが多く、それらを洗浄・消毒することで防止できる。加工室内をすみずみまで清掃し、設備や道具の洗浄を行なってから、もう一度、納豆づくりに取り組んでみる。

Q10 発酵工程を終えたがアンモニア臭い

A 発酵が進みすぎてアンモニアが生成された

納豆菌によるダイズ成分の分解が進みすぎてアンモニアの生成が増えたことによる。賞味期限をすぎた納豆によく起きる現象で、食べても害はないが売り物にはならない。発酵中の品温が高すぎたか、発酵時間が長すぎたことが原因と考えられるので、温度管理と時間管理を適正にする。

Q11 納豆に硬い豆と軟らかい豆がある

A 収穫時期や粒形の異なるダイズが混じっている

原料として使用したダイズが、新古混合、品種混合，大小混合のいずれかであった可能性がある。新豆と古豆を同じ条件で加熱すると、古豆は新豆に比べ軟らかくなるのに時間がかかるので、新古混合のダイズは均一な硬さにならない。品種混合や大小混合の場合は豆の大きさが異なるものが混ざっている。その場合、かりに同じ軟らかさであっても大きな豆は小さな豆に比べて噛み潰すときの応力が大きくなるため、硬く感じる。納豆をつくるときは、ダイズの新古，品種，大小が混ざった原料を使わないようにする。

Q12 納豆の味や粘りがよくない

A 工程に問題ないことを確認後、原料ダイズや納豆菌を変える

まず、納豆の味・粘りがよくないのが今回だけなのか、毎回そうなのかによって対応は異なる。味や粘りがよくないのが今回だけなら、発酵工程がきちんと管理され、適正な温度、湿度環境のもとで製造されていることを確認したうえで、何か前回までと変わった点はないかを探してみる。何かの手順を変えたことが影響したのかもしれないし、原料の仕入れ先が変わったことが原因かもしれない。原因を究明し、前回と同じ条件にもどせば問題は解決する。

毎回よくない場合も、まずは発酵工程がきちんと管理され、適正な温度、湿度環境のもとで製造されていることを確認する。そこで何も問題が見つからなければ、原料ダイズ、あるいは納豆菌に原因があるということになる。

原料ダイズにどんなものを選ぶかは、当然納豆の味に大きな影響がある。味のよいダイズに変えれば納豆の風味が増す。また粘りは納豆菌の働きによってつくられるので、粘りや糸の引き具合が悪いときは、菌を変えることで改善する可能性が高い。

Q13 納豆は完成したが、ダイズが硬い仕上がりになってしまった

A 原料ダイズの品質と蒸煮工程を見直してみる

原料ダイズの品質か、製造時の蒸煮工程に問題があることが考えられる。

原料ダイズに古豆を使っている場合、通常の製造条件で蒸煮しても通常どおりに軟らかくならないことがある。古豆であっても低温保管で温度管理がされていれば品質の低下は少ないが、常温で夏を越した豆は品質が低下してしまい、いくら煮ても軟らかくならない。これが原因なら、原料ダイズに新豆を使えば問題は解消する。

また原料ダイズに問題がなくても、蒸煮時の圧力や加熱時間が不足すると、硬い煮豆となり製品も硬くなる。加熱蒸煮したダイズは親指と薬指でつまむと、スーッと潰れるくらい軟らかくなるまで煮ることが大切。蒸煮の都度、100ページに示した方法で煮ダイズが潰れるときの圧力を測定し、適正な軟らかさになっているかどうか確認するとよい。

保存

Q14 納豆を冷蔵庫に入れて保存して食べたら、ざらざらとした口当たりになった

A 納豆を冷蔵庫に入れておくと、納豆菌の活動が低下し、味や香りの変化は少なくなる。しかし、低温に長く置くとチロシンというアミノ酸が結晶化し、硬く小さな白い粒となる。この白い粒がざらざらした舌ざわりを生む犯人である。納豆を長く保存したいなら、冷蔵よりも冷凍がよい。冷凍すると納豆菌はまったく活動しないので成分の分解は起こらない。味や香りは変化せず、チロシンの結晶もできない。

浜納豆

特徴

納豆と呼ばれるが、糸を引く納豆とは製法や性状が全く異なるもので、豆味噌に近い風味を持っている。

静岡県、浜松を中心に製造されている浜納豆あるいは浜名納豆としてつくられているものと、かつては奈良京都の寺院でつくられ、現在は大徳寺納豆としてつくられているものがある。いずれも地域の農家や一般家庭でつくられることはなく、限られた寺院などで伝統的な製法でつくられている。

中国の塩鼓と呼ばれるものがあるが、これが元祖と思われる。

原料調製

ダイズは国産ダイズを用いる。前年に収穫されたもので、未熟豆や虫食い、変色したものを取り除く。

現在専門に製造しているところでは種こうじを使用せず、自然に着生するこうじ菌を利用している。これは室《むろ》や麹蓋に昔からのこうじ菌が着生しているので、自然に着生するのを待つことができる。初めて浜納豆をつくるときにはこれが期待できないので、豆味噌用の種こうじ、あるいは麦味噌用の種こうじを使用する。

塩は並塩あるいは粉砕塩を使用する。

はったい粉あるいはこうせんを使う。蒸煮したダイズをそのままにしておくと細菌類が増殖し、糸を引く納豆のようになってしまうので、こうじ菌が着生、増殖するようにデンプン系の炭水化物を持った材料を加える必要がある。オオムギを炒って粉にしたはったい粉やムギ類を炒ったこうせんを加え、こうじ菌が増殖するようにする。

豆味噌用のこうじつくりではダイズに対し1～2％程度用いている。しかし、浜納豆ではダイズに対し、容量では100～60％、重量では80～45％程度使用している。

製造工程

製造工程を図（次ページ）に示す。

大福寺納豆（浜納豆）では6月に辛皮（サンショウの木の皮）を塩漬けし、7月中旬から9月まで仕込み、10月から桶出し、製品に仕上げる。6月にゆでて皮を剥き塩漬けした辛皮は1か月後に千切りし、もう一度ゆでて塩抜きしてから漬け込む。漬け込んで2か月半後、あめ色になった辛皮を桶から取り出し、乾燥してから納豆に混ぜる。

納豆つくりは7月に入るとオオムギを炒ってはったい粉とし、吸水したダイズを固ゆでしてから蒸し、はったい粉をまぶして麹蓋に

写真１　大徳寺納豆（写真：磯田佳宏）

分け入れ、室の中で自然にこうじ菌が付き、回るようにし、豆こうじとする。豆こうじは塩水とともに木桶に仕込む。10月になったら桶出しし、わらむしろに広げ、手返ししながら天日干しして製品に仕上げる。口伝の分量は「十豆三塩水九麦六」。

大徳寺納豆では5月中旬から8月末までに仕込み、10月末までに製品に仕上げる。短時間吸水したダイズを5～6時間煮る。煮上がったダイズの水を切り、はったい粉を混ぜ合わせ、麹蓋に入れ、室の中で自然にこうじ菌が付き、回るようにする。5、6日で発酵は終了する。できあがったこうじを桶に入れ、塩水を加え、もろみとし、屋内に一週間程度おく。この間、もろみはよく撹拌する。これを小さな桶に分け入れ、天日干しする。

天日干しは1か月半から2か月くらいするが、この間、日に3回ほど櫂を使って混ぜ、トロトロのもろみを手で持って分けられるくらいの硬さになるまで干す。これをおにぎりくらいの大きさにまとめ,保存用の桶に入れ、順次小さな粒に成型し、再度天日干しして製品とする。

図１　浜納豆の製造工程

[原料と仕上がり量]

原料：ダイズ１升（1,170 g）、はったい粉１升（900 g），食塩３合（450g）

仕上がり量：3kg

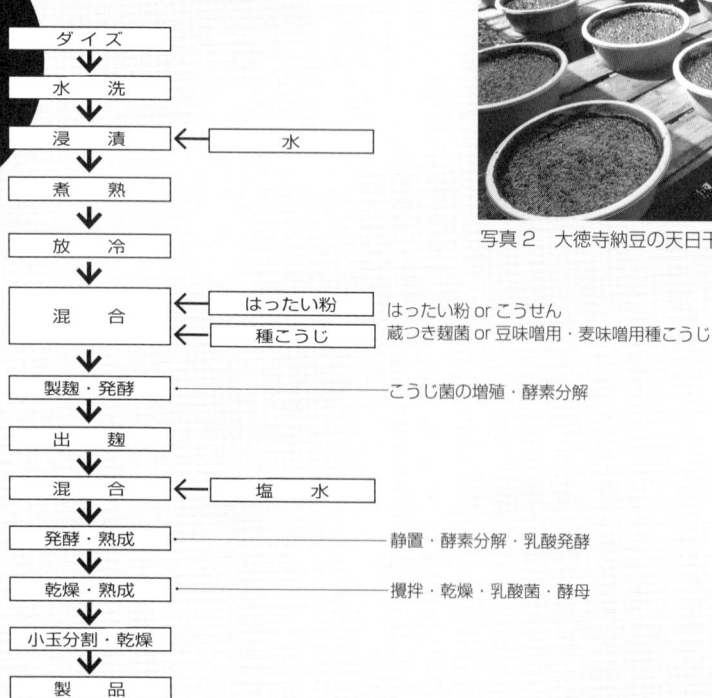

ダイズ
↓
水　洗
↓
浸　漬 ← 水
↓
煮　熟
↓
放　冷
↓
混　合 ← はったい粉（はったい粉 or こうせん）、種こうじ（蔵つき麹菌 or 豆味噌用・麦味噌用種こうじ）
↓
製麹・発酵 …… こうじ菌の増殖・酵素分解
↓
出　麹
↓
混　合 ← 塩　水
↓
発酵・熟成 …… 静置・酵素分解・乳酸発酵
↓
乾燥・熟成 …… 攪拌・乾燥・乳酸菌・酵母
↓
小玉分割・乾燥
↓
製　品

写真２　大徳寺納豆の天日干し（写真：磯田佳宏）

PART 4

テンペ

栄養改善・健康管理に テンペ

【小清水さんのテンペの特徴】
・身近な道具と手作業が主体のテンペづくり
・おいしいテンペは原料を選ぶ
・合理的な工程管理と品質管理

インドネシアのダイズ発酵食品「テンペ」

テンペはインドネシアのジャワ島で古くからつくられ、食べられてきた伝統的なダイズ発酵食品である。最近はインドネシア全体で消費が拡大しているほか、ベジタリアンや栄養改善に取り組む欧米人の間にも広まり、アメリカでテンペに関する本が何冊も出版されたり、スーパーマーケットでテンペやテンペの調理加工品が販売されたりするようになっている。

日本でテンペが紹介されたのは１９５０（昭和25）年以前にさかのぼる。１９７０年代には企業による生産も開始されたが、その販売は伸び悩み、企業的レベルでの生産は多くが撤退。２０００年頃までは一部地域の、こだわりをもった製造者によって細々と継続されていたにすぎなかった。しかしそのなかでも、国産ダイズの利用方策として、味噌、豆腐、納豆とともにテンペ普及の地道な取り組みが続けられてきた。近年は、健康志向、安全・安心志向からテンペの栄養価の高さや機能性が見直され、企業レベルでの生産が再開されるとともに、食品スーパーなどで手軽に購入できるようになってきている。

写真１　店頭で販売されるテンペ（インドネシア）

写真２　タイのトゥアナウ（ダイズを使った発酵食品）

なお、ここでご紹介するテンペ加工法は、あくまでも小規模生産あるいは試しにちょっとつくってみるための方法であり、効率的な大量生産の方法ではないことをお断りしておきたい。そのかわり専用の道具や機器は必要としないので、誰でも気軽に試してみることができるはずだ。

テンペの原料

●どんな品種のダイズでもテンペにできる

とくにテンペ加工原料に向いたダイズというものはない。言葉を換えれば、どんなダイズを使ってもテンペはつくれるということである。テンペは調理素材として用いられることがほとんどであり、その調理法にふさわしい素材であるかどうかは問われても、テンペ自身が有する個性を強く発揮する場面は多くない。したがって単にテンペをつくるということが目的なら、地域で穫れるダイズ、手近にあるダイズを用いればよいのである。

写真３　テンペ

●粒形は問題にならない

インドネシアでは日本にあるような大粒のダイズは少ないため、中~小粒のダイズをテンペ原料としていることが多いが、日本では、普通に手に入る丸大豆を使えばよい。粒形が小さいなら小さいなりの、大きいなら大きいなりのテンペができる。テンペは粒をバラバラに崩して使うこともあるが、ブロック状のまま使ったり、包丁で切って使ったりすることが多いので、原料の粒形はあまり問題にならない。品種により、タンパク質や糖質などの多寡による味の変化はあるが、実際にはそれ以上に発酵の良し悪しが味を左右する。

●材料の個性を生かせば特徴あるテンペに

このようにどんなダイズでもテンペにできるが、それとは逆に品種や栽培法、品質にこだわったダイズを使って、ダイズの個性を生かした特徴のあるテンペをつくり、それを販売戦略に生かすという方向もある。たとえば煮豆として食べたときに甘味が強いダイズを使えば、甘味の強いテンペになるし、黒豆を使えば黒豆の特性を持った個性的なテンペができる。さらにいえば、ダイズ以外の豆類や穀類もテンペの原料とすることが可能だ。テンペづくりに積極的に取り組んでいる岡山県には、地域の特産品であるハトムギを原料としたテンペがある。また豆腐をつくったときの副産物である「おから」もテンペの原料となる。

●テンペ菌（テンペラギ）の必要量は原料ダイズの0.2％

テンペづくりには当然、テンペ菌（リゾプス属の糸状菌）が必要になる。種付けに使うテンペ菌の量は、菌種や種こうじ屋による違いもあるが、おおむね原料ダイズの0.2％程度。原料ダイズ５００ｇ（吸水した状態で１kg）なら、種菌は１ｇあればよい。ただし少量の菌をまんべんなく均一に付けるのは難しいので、後述するように米粉や片栗粉などを加えて10倍程度に増量してから使う。

テンペ菌を入手するには、国内の専門業者から購入する。現在、テンペ菌を扱っている会社は㈱秋田今野商店、㈲ホットプランニングなど国内に数社あり、インターネットのウェブサイトから通信販売で入手することも可能。ちなみに前者は自社生産、後者はインドネシアからの輸入販売である。つくるテンペが数10kgなら、25ｇないし１００ｇに小分けされた粉末状の種菌を購入するとよい。

なお、インドネシアでは昔ながらのもちこうじ（穀物の粉を練り固め、菌を繁殖させたもの）タイプのテンペラギ（テンペ菌）もよく利用されている。

写真４　テンペキット（脱皮ダイズとテンペラギ）

《テンペ菌の入手先》
株式会社 秋田今野商店
〒019-2112 秋田県大仙市字刈和野 248
TEL 0187-75-1250 FAX 0187-75-1255
http://www.akita-konno.co.jp/index.html

テンペづくりのポイント

●乳酸発酵の代わりに食酢を利用

テンペづくりでは浸漬したダイズをゆでるときの水を酸性にしておく必要がある。そこで原料ダイズ５００ｇに対して食酢１００mlをゆで水に加える。本来インドネシアでは、浸漬したダイズを乳酸発酵させて酸性にしているが、小規模加工所や家庭では乳酸発酵を上手に管理することが難しいのでこの方法をとる。乳酸が簡単に手に入るなら乳酸を加えてもよいが、手近にある食酢を利用するほうが便利である。

なお、乳酸と酢酸ではできあがったテンペの香りが違ってくる。乳酸発酵ではダイアセチル（ジアセチル）という成分が生成されるが、この成分は蒸れたような香りを放ち、どちらかというと不快臭と感じる人が多いので、ダイアセチルの生成が少ない酢酸を使うほうがよい。

●発酵をはじめる前にダイズの皮を剥く

テンペ菌はダイズの皮には繁殖しにくいため、原料ダイズの皮を剥く必要がある（製法によっては剥かずにつくることもできる）。皮剥きは種付けまでのどの段階で行なってもかまわないが、通常は浸漬後にダイズの皮が軟らかくなったところで行なう。自分で剥くのが面倒な場合は、あらかじめ皮が除かれた脱皮ダイズや挽割りダイズを原料とすれば手間が省ける。

●発酵にはポリエチレン袋を利用すると便利

テンペ菌を接種したダイズは容器に詰めて発酵させることになる。インドネシアではバナナの葉を使うのが伝統の方法だが、最近はポリエチレン袋が多く使われている。日本でもインドネシアと同様に、薄いポリエチレン袋を使うのが最も手軽で経済的である。袋のサイズは、煮ダイズ１５０ｇなら１００㎜×１３５㎜、２５０～３００ｇなら１２０㎜×１７０㎜のものを用意する。ポリエチレンの厚みは0.02～0.03㎜あれば強度的には十分。凍結保存して、その都度、必要な分だけ解凍して使うなら、小さめの袋に入れて使いきりサイズにしておくとよい。

ポリエチレン袋以外に、ポリスチレンの食品トレー、ふた付きのプラスチックケース、パン焼きのケース、寒天流し、パイ皿などを使ってもかまわないが、衛生管理の点では使い捨ての容器のほうが楽である。販売用の製造ではコストと購入者のニーズを勘案して、チャック付きポリエチレン袋か熱溶着のポリエチレン袋のいずれかを選択する。

●ポリエチレン袋にはあらかじめ空気穴を開けておく

ポリエチレン袋に入れて発酵させる場合は、発酵によって発生する炭酸ガスを逃がし、酸素を取り込むために、あらかじめ直径1～2㎜程度の小さな空気穴をたくさん開けておく必要がある。爪楊枝や千枚通し、大工道具のキリなどを使って2㎠に1個程度の割合で穴を開けていく。１００㎜×１３５㎜の袋なら、30個程度の穴を両面に開けることになる。

一度にたくさんの穴を開けるには、袋を折りたたんで千枚通しで一気に開けるほか、生け花用の剣山のようなものを使ってもよい。事業として大量に生産する場合は、手作業では効率が悪いので、ポリエチレン袋メーカーに穴開けを依頼することになる。

製造工程

製造工程を図1に示す。

洗浄

●脱皮・挽割りダイズの洗浄は手早く

ダイズには土ぼこりなどの汚れや、それに付随してたくさんの微生物が付いている。水洗用の容器にダイズと水を少し入れて、ダイズの表面を強くすり合わせるように攪拌し、容器の水がきれいになるまで水の交換を繰り返しながら洗う。テンペづくりではダイズの皮を剥いてしまうため水洗時に皮が剥けてもかまわないともいえるが、皮の剥けたダイズは吸水が速くなり、内容成分も流出するので、できればこの時点では皮が剥けないほうがよい。

脱皮ダイズや挽割りダイズも、ほこりや皮の一部を除くために水洗が必要。ただし、脱皮ダイズや挽割りダイズは水を吸いやすく、軟らかくなりやすいので、水洗は手早く行なわねばならない。時間をかけて水洗するとダイズが削れ、内容成分が流れ出てしまう。

浸漬

●大きさと水温によって浸漬時間は変わる

水洗いしたダイズを4～5倍量の水に浸ける。浸漬に必要な時間は水温と粒形によって違いがあり、まず水温が高いほど吸水が速くなる。標準的なダイズの場合、水温５℃なら24時間、10℃で20時間、20℃で12～18時間、30℃で５～6時間が標準的な浸水時間となる。

小粒のダイズは大粒のダイズより吸水が速いので、標準的な時間より短めにする必要がある。さらに、脱皮ダイズや挽割りダイズを原料としたときは丸大豆に比べて非常に速いので浸けすぎに注意すること。

●吸水状態はダイズのくぼみを見て判断

ダイズが適正に吸水したかどうかは、浸漬したダイズの中心部を観察する。丸大豆の場合、ダイズが水を吸ってくると中心部のくぼみが徐々に平らになってくる。わずかにくぼんでいる状態か、ほとんど平らになっているならば適正な吸水状態といえる。なお、５００ｇのダイズは吸水すると１１００ｇくらいになる。

図1　テンペの製造工程

[原料と仕上がり量]

原料：ダイズ 500 g、食酢 100 mℓ、テンペ菌 1 g、デンプン（片栗粉、上新粉、はったい粉など）5～10 g
仕上がり量：テンペ 900～1,000 g

工程	内容
ダイズ	500 g
↓	
洗　浄	手早く洗う
↓	
浸　漬	4～5倍量の水に浸ける 水温が高いときは酢酸を加える
↓	
剥皮・除皮	ダイズが完全に吸水したら、手でダイズをこすり、皮を剥く ダイズから外れた皮を除きながら、ダイズの皮を剥ぎ続け、完全に皮を除く
↓	
剥皮ダイズ	剥皮ダイズ 950g～1kgに、水2ℓ、食酢 100 mℓを加える
↓	
加熱・沸騰	沸騰するまで強火で加熱
↓	
加熱・弱火	軽く沸騰する状態で30分～1時間加熱 鍋の水が少なくなるようだったら水を足す ダイズの生の香りがなくなり、生の硬さから少し軟らかくなったら加熱完了
↓	
水切り	加熱を終えたダイズをザルにあける
↓	
冷却・水分除去	手早くザルの中のダイズの上下を返し、ダイズの表面の水分を飛ばす
↓	
テンペ菌接種	テンペ菌にデンプン（片栗粉、上新粉、はったい粉など）を加えて、よく混ぜる 40℃くらいに冷えたダイズにテンペ菌を振りかけ、全体をよく混ぜる
↓	
容器充填	小さな穴を開けた容器に入れ口を閉じる 容器に詰めたダイズを均一な厚さにする
↓	
発　酵	容器を30～32℃の清潔なところに置く 16時間くらいで白い菌糸が見えるようになる 20～24時間でダイズの表面を白い菌糸が覆いつくす ケーキ状に固まり、しっかりしたテンペができあがる
↓	
保存・流通	1～2日保存は冷蔵。それ以上の期間なら冷凍保存

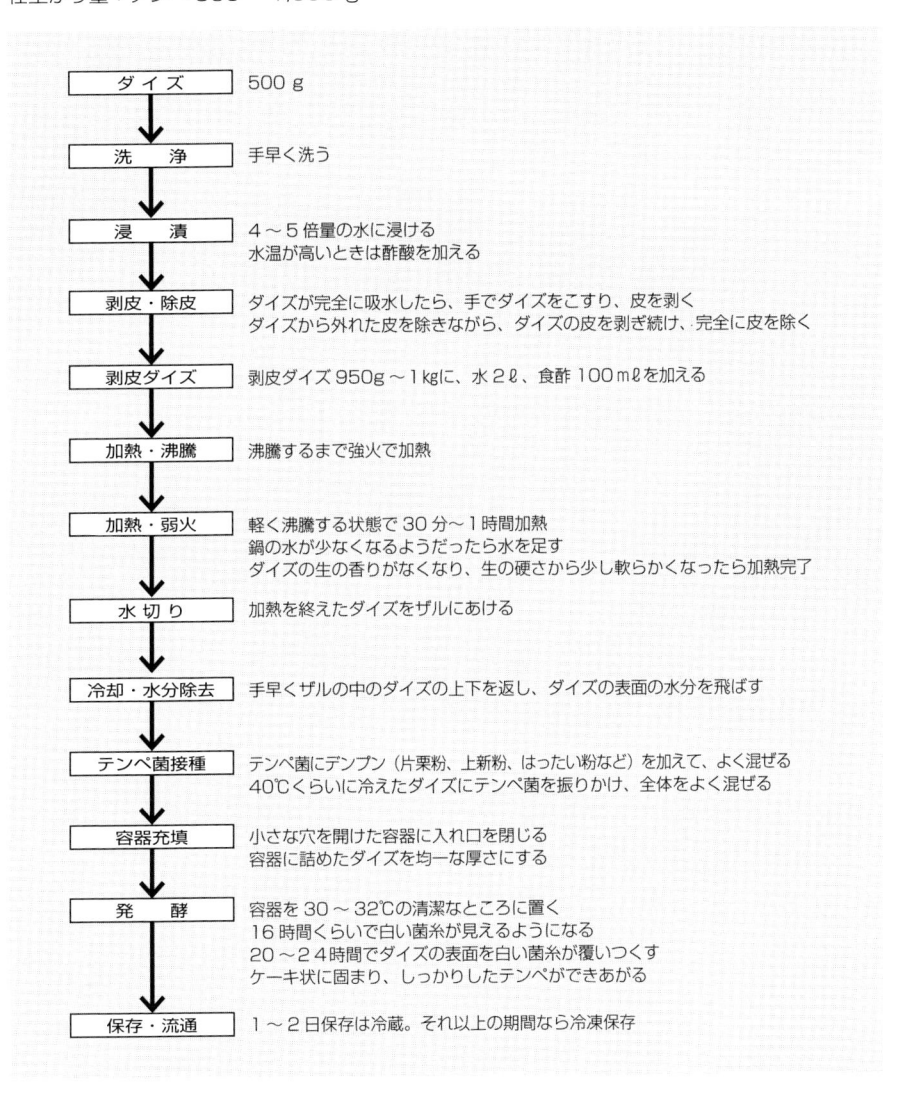

●水温が高いときは浸漬水に食酢を加える

水温が20℃以上になると浸漬水中の微生物の増殖が問題になる。インドネシアのテンペづくりでは、浸漬中に増殖する乳酸菌が乳酸を生成し、それによってpHが低下（酸性化）することを利用して有害菌の繁殖を抑えており、この乳酸がテンペづくりの要点にもなっている。

しかし、日本では家庭に乳酸がない場合が多く、また乳酸を使うと独特のにおいの原因にもなるため、手近にある酸液として食酢を利用する。水温が20℃以上のときは、水1ℓに対し50ml程度の食酢を加える。これにより不要な微生物の増殖が抑えられ、乳酸特有のにおいがつくこともない。

ダイズの皮剥き

●たっぷりの水で皮を浮かせて取り除く

十分に吸水したダイズをこすり合わせて、皮を剥いていく。手でもみこするようにして、ていねいに皮剥きを行なうと、吸水ダイズ1kg（原料ダイズ５００ｇ）で1時間ほどの時間がかかる。また剥けた皮をダイズとダイズの間に残しておくと、煮熟後の水切れが悪くなり、テンペの発酵がうまく進まないおそれがあるので、剥けた皮はしっかり取り除いておくことが大切。皮剥き後、ダイズを入れた容器に水をたっぷり注ぎ入れると剥けた皮だけが浮き上がってくるので、これをすくって取り除いておく。もちろん、脱皮ダイズ、挽割りダイズを使う場合は、この作業は不要になる。

ダイズ煮熟

●吸水ダイズの2倍量の水と食酢を加えて煮る

皮を剥き終えたダイズを鍋に入れ、吸水ダイズの2倍量の水と５％量の食酢を加えて煮熟する。５００ｇの原料ダイズは吸水、剥皮後には９５０ｇ〜1kgとなる。したがって吸水ダイズ1kg（原料ダイズ５００ｇ）ならば、２ℓの水に１００mlの食酢を加えることになる。この食酢もインドネシアの乳酸に代わるものである。

ダイズは生煮えもよくないが、軟らかすぎてもよくない。生のダイズの香りがなくなり、指でギュッと押してもやや潰れにくいくらいで、加熱は十分である。豆の品種や粒の大きさによっても異なるが、30〜60分くらい煮ればよい。加熱している間に湯が少なくなってきたら、湯を足して、蒸発した水分を補っておく。

湯切り（水切り）

●水分が残ると発酵が遅れるので注意

煮熟を終えた煮ダイズをザルに受けて、ダイズの表面を乾かしながら温度を下げる。ザルを振ってダイズの上下を返し、中央や下部にあるダイズを上面に出すようにしながら、ダイズの表面に付いている水分を蒸発させると同時に、40℃くらいまで冷やす。水分が残ると発酵が遅れることがあるので、しっかり水分を飛ばすことが大切。

また、ザルを振って上下を返すときは、なるべくダイズが壊れないよう、ていねいに返すこと。

種付け

●デンプンで増量した種菌を全体に広げる

種付けに使用するテンペ菌の量は、煮ダイズ1kg（原料ダイズ５００ｇ）に対し種菌1g。そのままでは量が少なく、全体に均一に接種するのが難しいので、あらかじめ種菌に片栗粉や上新粉、はったい粉などを加えて、10倍程度に増量する（種菌1gに片栗粉等9gを加えて、よく混ぜておく）。片栗粉や上新粉、はったい粉は主成分がデンプンなので、テンペ菌の増殖を促進することはあっても妨害することはない。

40℃くらいに冷えた煮ダイズに増量した種菌を振りかけ、全体に広がるようによく混ぜる。すばやく均一に接種するには、大きめのポリエチレン袋を利用するとよい。水切りした煮ダイズと種菌をポリエチレン袋に入れ、空気を入れてふくらましてから口を閉じ、袋を揺すって撹拌する。こうすると簡単にダイズ全体にテンペ菌を付けることができる。

煮ダイズの量が多く、全部をポリエチレン袋に入れることができないときは、一部のダイズをこの方法で種付けした後、菌の付いたダイズを残りのダイズとよく混ぜ合わせてもよい。

このほか、ザルに入れた煮ダイズに増量した種菌を直接振りかけ、ザルを振って撹拌する方法もあるが、均一に混ぜるのが難しく、勢いあまってダイズが飛び出たり、ダイズがザルの目で削れて細かくなることがあるので注意したい。また、テンペを繰り返し大量につくるような場合は、専用の撹拌機を用意したほうがよいと思われる。

発酵

●ポリエチレン袋に入れて発酵させる

種付けしたダイズを発酵用の容器に入れて発酵させる。テンペの発酵容器としてはポリエチレン袋を使うのが一般的だ。テンペは冷凍すると長く保存できるので、手ごろな量（１００～１５０ｇ程度）ずつポリエチレン袋に小分けして発酵させ、そのまま凍結保存しておけば、必要なときに必要な分だけ解凍して使うことができる。

　まず発酵用のポリエチレン袋（ダイズ１５０ｇなら１００㎜×１３５㎜サイズ）を必要な枚数用意し、前述した手順で空気穴を開けておく（111ページ参照）。このポリエチレン袋に種付けしたダイズを入れて、適当な厚さ（1.5～２㎝程度）の板状になるよう形を整え、熱圧着式のシーラーなどで口を閉じれば発酵の準備は完了。シーラーがない場合は、袋の口を数回折り込んで閉じておく。ファスナー（ジッパー）の付いたポリエチレン袋を発酵容器として使ってもよいだろう。

　テンペを小分けする必要がないときは、大きめのポリエチレン袋を用意し、５００ｇ～１kgをブロックとしてつくることも可能。

　ただし、あまり分厚くすると発酵熱で温度が上がりすぎるおそれがあるので、厚さは２㎝程度にとどめておく。発酵完了後は、大きなブロックのまま冷凍してもよいが、できれば使用法を考えて適当なサイズに切ってから冷凍したほうがよい。

　なお、ここで紹介したポリエチレン袋のほかに、食品トレーとしてよく使われているポリスチレン製のトレー（高さ２㎝程度のもの）を発酵容器として使う方法もある。

●発酵に最適な温度は30～32℃

　テンペ菌を接種したダイズの容器を30～32℃の清潔なところに置いておくと16時間くらいで白い菌糸が見えるようになる。20～24時間にはダイズの表面を白い菌糸が覆いつくす。ダイズの表面を白い菌糸が覆い、しっかりしたケーキ状に固まったらテンペは完成である。

　発酵に最適な温度を維持するのにいちばんいいのは専用の恒温器を使うことだが、恒温器がなければ断熱性の高いクーラーボックスや発泡スチロールの箱で代用できる。

　もし保温をはじめる時点で種付けしたダイズの品温が30℃以下に下がってしまったときは、温度を上げてやる必要がある。クーラーボックスなどに入れた場合は、電気アンカやこたつ、お湯を入れたペットボトルなどを利用して温度を上げてやるといい。また、お湯を張ったお風呂のふたの上に発酵容器を置く方法もある。

　やがてテンペ菌が増殖をはじめて菌糸が見えてくるようになると、発酵による発熱で温度が上昇してくる。このときには温度の上がりすぎに注意し、40℃を超えそうなら風を送るなどして冷ましてやる必要がある。

保存

●１～２日なら冷蔵。長期保存は冷凍にする

できあがったテンペを常温に放置しておくと発酵が進み、テンペ菌が胞子をつくるため次第に黒ずんできてしまう。冷蔵庫で低温を保持すれば１～２日は良好な品質を保つことができるが、さらに長く保存するときは冷凍保存が必須となる。ポリエチレン袋に入れてつくったのであればそのまま冷凍庫に放り込んでもかまわないが、念のためもう一枚薄いポリエチレン袋をかぶせておく。大きめのサイズでつくったときは、あとで利用しやすいように細かく切ってから、ポリエチレン袋に入れて冷凍するとよい。

●再発酵を防ぐには、冷凍前に加熱処理を

冷凍保存したものを解凍するときは、あまりゆっくり時間をかけて自然解凍させると、再発酵がはじまって味が悪くなったり、胞子ができて黒ずんでくることがある。これを防ぐには凍結前に加熱処理（ブランチング）をしておくとよい。加熱処理はテンペの中心温度80℃で30分の加熱を行なうのが標準。このほか１００～１１０℃で殺菌を目的とした加圧加熱を行なう方法もある。ただし後者の加圧加熱の場合、ダイズが軟らかくなり、テンペらしい食感が弱くなるので、適用にあたっては注意しておくこと。

なお、冷凍したテンペを電子レンジで解凍してすぐに使うのであれば、冷凍前の加熱処理は必ずしも必要ではない。

包装

●発酵容器と販売用包装

市販されているテンペは、発酵容器として使ったプラスチック容器やプラスチック袋をそのまま内装として使い、それを別の外袋や箱に入れて外装としているケースが多い。またポリスチレンあるいはパルプ製のトレーに種付けしたダイズを盛り込み、シュリンク（熱収縮）包装して発酵させ、発酵終了後、これに胴巻き状の帯紙をつけて販売用包装としている業者もある。ちょうど現在の納豆における発泡スチロール成形容器と同じような使い方である。その他、最近はレトルトパックにして常温で長期保存・流通できるようにしたテンペも登場している。レトルトにする場合は、ガスバリア性の高い包装資材で真空包装した後、加熱処理を行なうことになる。

●包装容器の処理

テンペの発酵に使用した包装容器には大量のテンペ菌が付着している。テンペを利用した後に残る包装資材はすみ

やかに廃棄処理するとともに、調理に使用した用具類の洗浄・清掃はすみやかに行なわなければならない。すみやかな処理を行なわないとテンペ菌による環境汚染となる。

テンペの活用法

長年にわたる業界の努力や、テンペの食品としての機能性が最近の健康志向にマッチしたことなどにより、「テンペ」という名前は徐々に一般にも浸透してきた。しかし、まだ実際には見たことがない、手に取ったことはないという人も多いのが実情だと思われる。

そこで簡単に、テンペの食材としての具体的な利用法をいくつかご紹介しておきたい。

●炊飯時に入れると、ご飯がさらにおいしくなる

ご飯を炊くときに一片のテンペを入れると、ご飯の風味がよくなる。テンペはテンペ菌によってダイズのタンパク質や炭水化物が分解され、アミノ酸や糖分となっている。炊飯前の水浸漬時には米のタンパク質や炭水化物がわずかに分解されて旨味に変わるが、テンペには米の分解産物よりもはるかに多くの呈味成分が含まれている。

そのため、テンペを入れると炊き上がったご飯の風味は格段に向上する。ただし、あまり欲張ってテンペを入れすぎると豆ご飯のようになってしまうので、その場合の添加量はごく少量でよい。

●インドネシアでは油で揚げてさまざまな料理に活用

インドネシアの市場では、発酵を終えたばかりのテンペが調理素材として販売されている。家庭ではテンペを非加熱のまま食べることはなく、必ず加熱調理されて食べられる。これは食品衛生的な対応としての面に加えて、加熱処理、とくに油で揚げることによって風味が格段によくなる点が大きいと考えられる。

実際、ジャカルタの住宅街などに行くと、薄く切ったテンペを油で揚げただけの揚げテンペの屋台が定期的に回ってくる。子どものおやつとしても、ビールのつまみとしても好適なものである。また日常の食卓では、油で揚げたテンペを野菜類と組み合わせ、いため物や煮物、サラダなどいろいろな惣菜に使われている。

●応用範囲の広さが魅力。日常の食材として活用を

テンペの調理素材としての優れた特性の一つは、さまざまな形状で利用できる点にある。ダイズがブロック化されているため、カットによる成形が可能で、ダイス（さいころ）形、薄切り、せん切りにして使ってもいいし、ほぐ

して1粒から数粒のダイズの固まりとしてもいい。このように形状の自由度が高く、またローカロリーでありながら栄養価が高いため、テンペはさまざまな食材の代わりとして利用することができる。

テンペの置き換え型調理材料としては、肉類やいも類がある。酢豚の豚肉をさいころ形に成形したテンペに置き換えたり、肉じゃがのジャガイモの一部を、ブロック状あるいはバラバラにほぐしたテンペで置き換えてもよい。テンペのステーキやフライ、それらを発展させたカツどんや竜田揚げ、バーガーなどもテンペがブロックになる特性を利用したものといえる。

ほぐして利用する調理としては、ポタージュやボルシチなどの煮込み料理，豆入りのスープ・湯《タン》、ホワイトソース、豆サラダなどがある。豆サラダにはスティック状やさいころ形に切ったテンペを油で処理してから使うと風味が増す。

また、テンペは菓子類にも応用できる。せんべいやあられに練り込んだ製品がすでに発売されているほか、強烈な味や香りがないので、チーズケーキやパイなどの洋菓子、あるいは羊羹やまんじゅうなどの和菓子にも利用することが可能だ。

写真５　テンペを油で炒める

写真６　テンペサラダ

テンペ　生春巻調理法

写真 7-**1**
電子レンジで1分間（500W）加熱

写真 7-**2**
厚さ1㎝のスティック状に切り、油でキツネ色になるまで揚げる

写真 7-**3**
八丁味噌40g、みりん20gを練り上げ、粉山椒を加える

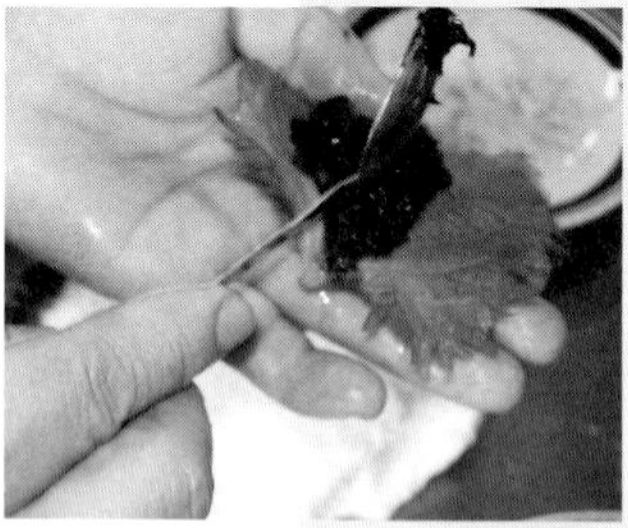

写真 7-**4**
シソの葉に**3**の練り味噌を塗り、包み込む

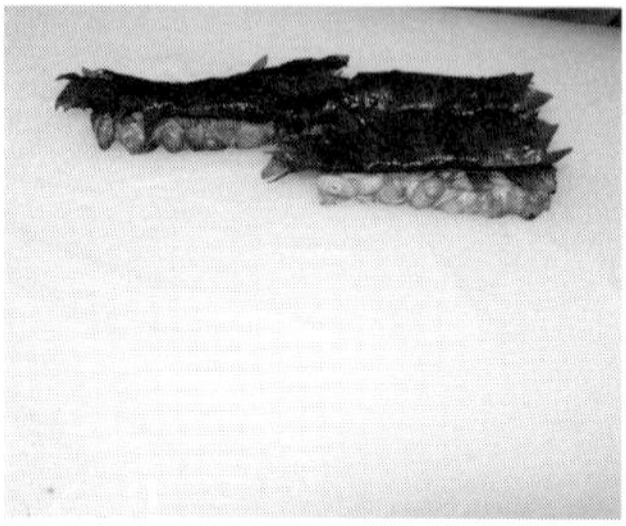

写真 7-**5**
ライスペーパーを1分間水に浸け、まな板の上に広げ、**2**の揚げたテンペと**4**の練り味噌を包み込んだシソの葉を置く

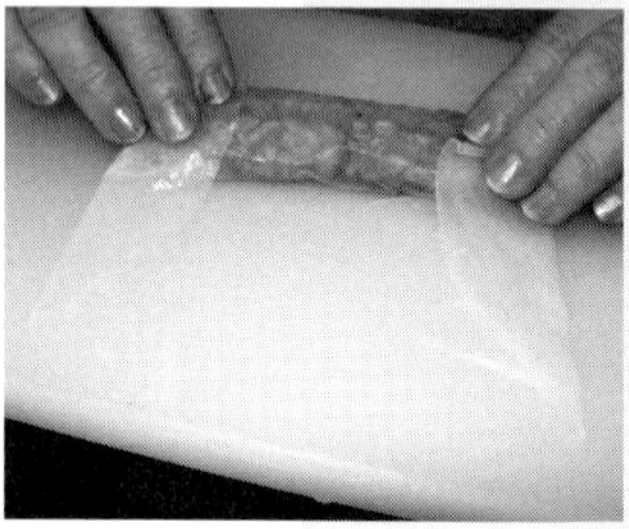

写真 7-**6**
揚げたテンペとシソの葉を形よく包む

写真 7-**7**
仕上がり

テンペ Q&A

原料・素材

Q 01 ダイズ以外の素材からでもテンペはつくれるか

A 豆類・穀類ならどんなものでもテンペにできる

テンペはダイズ以外のものを材料としてもつくられている。たとえばハトムギのテンペが岡山県で製造販売されている。現在、ハトムギは稲作転換作物としていろいろなところで栽培されているが、その利用方法として岡山県工業技術センターが技術開発し、地域に技術移転したものが根付いたものである。

おからを材料としたテンペは、本場インドネシアのほか、日本国内でも数カ所で製造されている。おからは原料が粉砕されていることから、その特長を生かすために、おから

テンペ

テンペが日本に紹介されてからの歴史は古いが、その情報は一部に限られてきた。また、企業・団体・個人などのいろいろなレベルで商品化されてきたが、市民・生活者が広く知る商材とはなっていない。

日本でテンペを先行的に製造している地域では地域の学校給食、外食、レストラン、菓子製造業と連携して、テンペの定着、さらには消費拡大を推進している。しかし、これらの多くはテンペを強調した利用をし、その調理名にも「テンペの○○○」「テンペ入り○○○」といっているが、一般家庭にまで浸透、消費拡大しているとは言い難い。テンペの調理特性がなければ利用できない調理であっても「テンペ」を形容詞に用いることなく、一般の野菜や加工原料と同じレベルの扱いにしておく程度でよいのではないだろうか。

各種の調理材料にはそれぞれ栄養、風味、機能性があり、調理されたものは各種材料の総合力によって評価されており、特定の材料が云々されるべきではない。

テンペの特性はテンペが強い個性をもったものではなく、さまざまな料理にスーッと入り込むことができる食材であり、特に家庭内での調理や中食の持ち帰り調理品ではテンペの名を特出する必要はないのではなかろうか。

のテンペを乾燥させ、ゴマのような他の食材と混合して粉末化した製品も販売されている。

その他、ラッカセイ、オオムギ、エンドウを原料にしたテンペが製造できることも研究により実証されている。

このようにいろいろな素材を原料にしてテンペを製造することができるが、各素材によって適正な発酵時間が異なるので、実際につくる場合は発酵の状態や風味を確認しながら、製造管理を行なう必要がある。

Q 02 テンペ菌はどこで入手できるのか

A 輸入販売、製造販売している会社が国内にある

テンペ菌を販売している企業は国内にいくつかある。その中には自らテンペ菌を培養、増殖してテンペ製造用のテンペ菌として販売している企業もあれば、インドネシアで製造したテンペ製造用のテンペ菌（テンペラギ）を輸入販売している企業もある（110ページ参照）。

テンペ菌を増殖して販売している企業は、数系統のテンペ菌を保有しているので、どのようなテンペをつくりたいのかという希望を伝え、もっとも適当なテンペ菌を分譲してもらうとよい。

ダイズ浸漬

Q 03 浸漬中にダイズから変なにおいが漂ってきた。水温を測ると20℃を超えていた

A 乳酸発酵ならよいが、腐敗菌なら廃棄する

ダイズに付着していた微生物が浸漬している水の中で繁殖し、臭気成分を生成したものと思われる。水温が20℃を超えているので微生物が繁殖しやすい状況であるのは確かだが、ダイズがきれいに洗浄されていれば浸漬中に微生物が増殖して異常に臭くなることは少ない。ダイズの洗浄が不十分だったたか、浸漬時間が長すぎたことが原因と考えられる。かりににおいの原因が乳酸菌の増殖によるものなら、インドネシアにおけるテンペつくりと同じなのでそのまま使用してもよいが、他の腐敗菌による異臭の場合、発酵後も不快なにおいが残ってしまうため食品として利用することはできない。

いずれにしても、このように原料の適性を不明確にし、製造してみなければ判断できないような状況になることは避けなければならない。ダイズの洗浄を適切に行ない、浸漬水の温度を確認し、適正な浸漬時間で浸漬を終えることが大事である。

Q 04 夏にダイズを水に浸けたところ、浸漬水の上に白い泡が浮かんできた

A 食酢を加えることで微生物の繁殖を抑制

水の温度が高かったことから、雑多な微生物が増殖してきたものと考えられる。すぐに食酢を加えて浸漬水のpHを下げれば、これ以上の微生物の繁殖は抑えられる。

水温の高くなる夏場はこうした雑多な微生物が発生しやすくなるので、浸漬時にはあらかじめ水1ℓに対し50ml程度の食酢を加えておくことが必要である。

ダイズ剥皮

Q 05 ダイズの皮剥きのうまいやり方はないか

A 精米器や製粉機を使って剥く方法がある

インドネシアのテンペの製造工程ではダイズ浸漬後、軟らかくなった皮を擦り合わせて、皮剥きを行なっている。本書も基本的にはこの方式を紹介したが、少量ならまだしも、キロ単位のダイズの皮を手作業で剥くとなると、かなりの時間と労力を要することは確かだ。

大規模に生産するのなら、専用のダイズ剥き機を導入するのがいちばんだが、そこまでは必要ないというケースがほとんどだろう。そこで簡易的な方法をご紹介する。

まず一つは、精米器や製粉器を使って剥皮ダイズをつくる方法。軽く炒ったダイズを簡易な精米機や製粉機にかけ、ダイズ同士をすり合わせて皮を剥いていく。ダイズをすり潰してしまわないように、機械の強さを調節することがポイントになる。もう一つは皮を剥かずに発酵させる方法である。明治大学の加藤氏らが開発したもので、皮付きのダイズを煮熟、放冷、種付けした後にダイズを粗く刻んで容器に充填し、発酵させる。意欲がある人は挑戦してみてほしい。どちらも難しいのであれば、最初から皮が剥いてある剥皮ダイズや挽割りダイズを購入することになる。

なお、テンペ製造業者の中にはダイズの皮を剥かずにテンペを製造している会社もある。ただしこの会社の場合はダイズを煮熟するのではなく、蒸熟（蒸すこと）している。

酸液でのダイズ煮熟

Q 06 ダイズを煮熟する際に食酢の添加を忘れてしまった

A ダイズ煮熟中ならすみやかに食酢を添加する

食酢の入れ忘れに気付いたのがどの段階かによって対応

は異なる。まだ煮熟中であれば、すぐに分量通りの食酢を鍋に追加すればよい。加熱後の水切り・放冷中ならば、もう一度鍋にお湯を沸かして食酢を添加した酸液をつくり、沸騰した酸液の中に放冷中のダイズを軽く浸漬して水切り・放冷を行なう。

種付けが終わった段階なら、一度付けたテンペ菌はむだになるが、同じく沸騰した酸液に種付けしたダイズをサッと浸漬させ、水切り、放冷、種付けする。

問題は包装容器に充填してしまった場合だ。まだ充填直後の保温に入る前の段階なら、沸騰した酸液をくぐらせて同じ工程を行なえばよい。

しかし、すでに保温・発酵過程に入っている場合は、テンペ菌以外の微生物の増殖している可能性があるので廃棄することになる。

煮熟後の水切り

Q07 水切りしているうちにダイズの品温が40℃以下に下がってしまったが大丈夫か

A 発酵容器に入れたときの温度が問題になる

あまり好ましいことではないが、致命的なことにはならないので安心を。まずはこれ以上温度が下がらないうちに手早く種付けをすませ、発酵容器に入れることが大事になる。発酵容器に入れて保温を開始した段階で品温が30℃くらいあれば問題ない。

発酵容器に入れたダイズの品温が30℃以下に下がっていたら、116ページに紹介したような方法で、すみやかに品温を30℃まで上げる措置をとる。

テンペ菌接種（種付け）

Q08 少量のテンペ菌をダイズにまんべんなく付けられるか不安だ

A デンプンを加えて増量するとよい

テンペの種付けに使用する種菌の分量は、煮ダイズ1kg（原料ダイズ500g）に対して1gとされている。

しかし、これだけ少量だと、ダイズ一粒一粒にまんべんなく種付けするのは難しいので、デンプンによる増量という手法を使う。具体的には、小さなポリエチレン袋に種菌1gと、デンプン（片栗粉、上新粉、はったい粉など）を9g入れて、袋を振ってよく混ぜる。こうすることで種菌が10gに増え、種付けがしやすくなる。

なお、増量に使ったデンプンはテンペ菌のエサとなるので、テンペ菌の増殖促進剤の役目も果たす。

Q 09 テンペ菌を手早く上手に種付けする方法はないか

A 少量なら袋方式、大量なら攪拌機を利用

効率的な種付け方法は、種付けするダイズの量によっても違ってくる。製造量に合わせた接種方法や道具を利用する。

煮ダイズの量が1kg程度で、水切りに使うザルが十分に大きいなら、ダイズをザルに入れたまま、テンペ菌を振りかけ、ザルを振って中のダイズを返しながら混ぜることができる。

また、大きめのポリエチレン袋に水切りした煮ダイズとテンペ菌を入れ、空気を入れて膨らませて振り混ぜると、煮ダイズを傷めることなく全体に均一にテンペ菌を接種できる。

煮ダイズが5～10kgになるとザルや袋に入れて振るのは難しいので、大きなバットに煮ダイズを広げてテンペ菌を振りかけ、しゃもじなどで全体を混ぜて接種することになる。また、5～10kgの製造を頻繁に行なうなら、簡単な回転式攪拌機を使ったほうがいいだろう。

食品製造用にはV字型の回転ミキサーや攪拌羽根付き回転ドラムなどの装置が用意されている。また、農業用ではコーティングマシン（種子などに粉末をコートする簡単な石油缶状の容器を回転する装置）があるので、これをテンペ製造専用として利用することも考えられる。

盛り込み

Q 10 発酵容器となるポリエチレン袋に穴を開けるのが大変。何かいい方法は？

A 専用の穴開け道具を自作するとよい

1回につくるテンペの量がそれほど多くないなら、爪楊枝や千枚通しを使って手で開けるのが最も簡単。ポリエチレン袋を何回か折りたたんで千枚通しを刺すと、一度に多くの穴が開けられるので手間が省ける。

テンペの量が多く、たくさんの袋に穴開けしなければいけない場合や、たびたびテンペをつくるような場合は、専用の穴開け道具を自作しておくとよい。道具といっても、10～15cm角の木の板に2cm間隔でクギを打ち抜くだけ。ちょうど生け花で使う剣山に似た形状になる。

使い方は、まず袋より大きめのゴム板（厚さ10mm程度のもの）を下に敷き、そこにポリエチレン袋を重ねて置く。その上から自作した穴開け機のクギの先を強く押し当てると、等間隔の穴が一度に開けられる。

テンペ製造を事業として行なう場合は、ポリエチレン袋のメーカーに穴開けを依頼するのがよいだろう。

Q11 種付け後のダイズをポリエチレン袋に入れて保温をはじめたところで、空気穴を開けていないことに気付いた

A 急いで穴を開けることが大事

何はともあれ、すぐに穴を開けることが重要。中にダイズが入っていても、爪楊枝や千枚通しで刺せば簡単に穴を開けることができる。当然のことながら、穴開けに使う爪楊枝や千枚通しは清潔なものを使う必要がある。

テンペ菌は酸素を消費して活動するので、外からの酸素の供給がなければ袋内の酸素はすぐになくなり、繁殖が止まってしまう。そして酸素がなくても繁殖できる微生物が増えていく。時間が経てば経つほどテンペには必要のない微生物が増え、テンペとは異なる品質のものになっていくので、一刻も早く穴を開けてやることが大事だ。

発酵

Q12 恒温器ではなく発泡スチロールの箱に入れたところ、発酵中のテンペが30℃以下に下がってしまった

A 湯たんぽやカイロを使ってすみやかに品温を上げる

発酵中のテンペの品温をすみやかに30℃に引き上げることが必要。ダイズの量がそれほど多くないなら湯たんぽやカイロを使用するとよい。ただし、このとき発泡スチロールの箱を密封すると、中の酸素をテンペ菌が使い切り、増殖が止まるので密閉しないこと。また、袋をもんで発熱する使い捨てカイロは鉄の酸化反応を利用しており、それ自体が酸素を消費する。使用する場合は、常にテンペに新鮮な空気が流れ込むよう工夫しておく必要がある。

温めるテンペの量が多いときは、電気毛布のようなものを利用したり、風呂場の湯船のふたの上に置くなどして温度を上げるとよい。

Q13 発酵がなかなか進まない

A 発酵開始時の品温低下かダイズの水切り不足が原因

発酵が遅れる原因としては、発酵時の品温低下や、ダイ

ズの水切り不足などが考えられる。発酵用に包装したときの品温が低かったことが原因なら、湯たんぽやアンカを使って品温を30℃以上に引き上げてやればよい。発酵完了までの間は、品温が30～35℃であることを確認し、発酵室での適正な温度管理を行なうことである。

また、ダイズの皮剥きを浸水後に自分で行なった場合は、剥けた皮がダイズの中に残っていると、それが原因で水切りが不十分になり、発酵の遅れにつながる場合がある。「たかが皮じゃないか」などと甘く見ずに、残さず取り除いておくことが大事だ。

Q14 発酵が進んで一部は白くなってきたが、まったく発酵していないように見える部分がある

A 容器内で酸欠になっていないか
種付けの時点でむらになっていた可能性

包装容器のポリエチレン袋に空気穴がきちんと開いているか確認する。発酵していない部分に空気穴が開いていないなら、すぐに穴を開ける。

空気穴が開いていてむらがあるなら種付けの際に、テンペ菌が均一に植え付けられていなかったと考えられる。今回の種付けを振り返り、種菌の増量は適切に行なったか、煮ダイズへの接種はどんなやり方をしたか、などを思い出してみる。次回の種付けではその反省を生かし、同じ失敗を繰り返さないことが大事だ。115ページの種付け法をよく読んで、確実な種付けを行なうこと。

また種付けするダイズの量が多い場合は、回転式攪拌機の利用を検討するとよい。

Q15 挽割りダイズを使用したところ、発酵中に水が出て、仕上がりが水っぽくなった

A ダイズの破片や粉があると水切れが悪くなる

脱皮ダイズや挽割りダイズには原料にダイズの砕片や粉が混じっていることがある。これが残っていると水切れが悪くなる原因になる。原料をよく調べて、ダイズの砕片や粉が多いなら、篩《ふるい》や風選機を使ってダイズ洗浄前に除去しておく。

仕上がり

Q16 2kgのブロックで冷凍保存したが、使いにくい

A 冷凍保存は多目的に対応できるサイズで

テンペを冷凍保存するときは、冷凍庫のスペースや最終使用形態をよく考えて、冷凍するサイズや形状を決める。

テンペは冷凍後でも包丁や冷凍ナイフで切断できるが、冷凍前や解凍後と比較すると、冷凍状態での切断ははるかに労力を要する。したがって冷凍保存する場合は、あとで冷凍状態での切断をしなくていいように冷凍前に切り分けておいたほうがよい。

使用目的がはっきりしないときは100〜200g程度の2㎝厚の形状にしておくと多目的に対応できる。食堂や惣菜加工で大量調理に利用する場合でも、調理員の手間を省くために小分けしてほしいといわれるケースがある。その意味でも、多目的に対応できるサイズで冷凍保存しておいたほうが使い勝手がよい。

Q17 テンペをしばらく常温に放置しておいたら黒くなった

A 必ず低温で保存。数日以上使わないなら冷凍しておく

発酵完了後に加熱処理を施していないテンペは菌が生きている。そのため常温に放置するとテンペ菌の生育が進み、質問のように黒い胞子が形成されることがある。胞子自体には害はない（かえって旨味が増すという人もいる）ので、変な味やにおいがなければ食べてもかまわないが、このように過発酵の状態になると次第に香味は落ちてくる。渋味が出たり、アンモニア臭、腐敗臭が発生するようになったら廃棄すべきだろう。

このような羽目にならないためには、すぐに使わないなら必ず低温下で保存することが大切。テンペ菌は5℃以下になると活動が低下するため、冷蔵しておけば数日はもつ。さらに長く保存したいなら冷凍保存することだ。

Q18 冷凍保存したテンペを自然解凍したところ食感がよくない

A 自然解凍中の過発酵により風味・食感が悪化した

冷凍するとテンペ菌の生育は停止するが、菌は生きているので、解凍とともに再び生育を開始する。自然解凍の場合、周辺から徐々に解凍が進むため、先に解凍を終えた部分からテンペ菌の活動がはじまり、すべての部分の解凍が終わるまでの間に発酵・熟成が進んでしまう。先に解凍された部位は過発酵となり、風味・食感に差が生じたり、場合によってはアンモニア臭や渋味が出たりする。

このような解凍時の風味低下を防ぐには、冷凍保存する前に、短時間の加熱処理（ブランチング）を行なうとよい。加熱処理を行なうと、テンペ菌は死滅（ただし胞子は残る）し、酵素の一部も不活性化される。加熱処理により解凍中に部分的な温度上昇があっても、過発酵は起こらなくなり、風味・食感の低下を防ぐことができる。

なお、加熱処理をしていないテンペでも、電子レンジを利用して短時間に解凍すれば、解凍中の過発酵による風味悪化を起こさずにすむ。

Q 19 発酵を終えたばかりのテンペに黒い胞子が出ている

A 発酵中の品温が高く菌の活動が活発になった

発酵中の品温が高かったためにテンペ菌の活動が活発になり、発酵が予想より早く進んでしまったものと思われる。胞子が出ただけで異味・異臭がないなら食べてもかまわないが、すでに過発酵の状態であり、見た目も悪いので売り物にはならない。発酵中は、品温が適正な範囲（30℃～35℃）にあるかを常に監視し、適切な温度管理を行なうことが大切である。

Q 20 皮付きダイズでテンペをつくったら固まりが悪くバラバラになった

A 皮付きダイズは菌糸の食い込みが悪い

テンペ用のダイズは皮を剥くのが基本的なつくり方となっている。皮を剥くとダイズ表面のテンペ菌の増殖が良好で、全体がブロック状になる。

これに対し、皮付きのままのダイズ（丸大豆）でテンペをつくると、皮と胚乳の間で菌糸の食い込みが悪くなり、テンペに少し力を加えただけで皮と豆が離れて粒がバラバラになりやすくなる。

これを防ぐには、皮を剥いたダイズでつくるのがいちばんよい。どうしても皮を残したままテンペにしたいときは、種付け後にダイズをザクザクと切り刻んで発酵させる。こうすれば皮を残したまま、白い菌糸でしっかりと固まっているテンペができる。

Q 21 テンペから汗臭いようなにおいが漂ってくる

A 乳酸から生成されたダイアセチルが原因

インドネシアではテンペをつくる際、乳酸菌が生成する乳酸により浸漬水のpHを下げ、雑菌の繁殖を抑えている。この乳酸が分解してできるのがダイアセチルという物質で、これは人間の汗にも含まれており、汗のにおいのもととなっている。テンペから汗臭いようなにおいがするのは、ダイズの浸漬水に乳酸を加えたか、あるいは自然に乳酸発酵が起こり、乳酸からダイアセチルが生成したものと考えられる。

浸漬水の酸性化に食酢を使えばダイアセチルは出ない。

これまでテンペづくりに乳酸を使っていたのなら、利用する酸を乳酸から食酢に変更するとよい。

Q22 テンペに苦味がある

A 使用するテンペ菌を変えてみるとよい

テンペ菌はダイズのタンパク質を分解してペプチドやアミノ酸を生成する。ペプチドには苦味を持ったものがあり、テンペ菌によっては苦味を持ったペプチドをつくりやすい場合がある。

テンペに苦味を感じたり、後味が悪かったりしたときはテンペ菌を変えてみるのも一つの手だ。

Q23 テンペなのに納豆のようなにおいがして糸を引く

A 作業中の納豆菌混入によるものと考えられる

納豆菌の混入によるものとみて間違いない。納豆菌は私たちが食品として食べている納豆の中だけでなく、土壌や大気中などさまざまな場所に生息しており、あらゆる食品の製造現場において納豆菌対策は最重要課題の一つといえる。

納豆菌の混入がわかったときは、作業施設、作業道具を清掃・洗浄するとともに、作業環境を再び納豆菌の汚染が起こらないように改善しておくことが大切。テンペ製造中は納豆に触れない・食べないを徹底するとともに、製造施設に入るときには、必ず手を洗い、清潔な作業衣を着用するようにして、外部から余計な微生物を持ち込まないようにする。

Q24 テンペが軟らかすぎて、歯ざわりが悪い

A 煮熟時は必ずダイズの煮え具合を指で確認

煮熟する時間が長すぎたことが原因と思われる。煮熟しすぎるとダイズが必要以上に軟らかくなり、テンペ特有の食感が失われてしまう。ダイズ煮熟は沸騰後、弱火にして30～60分程度とし、適当なところでダイズの煮え具合を確認して煮すぎないようにすることが大事だ。

煮え具合は、ダイズをギュッと押したときに、やや潰れにくいくらいとする。テンペ用の煮ダイズは納豆用や味噌用の煮ダイズとは違い、かなり硬めになる。

なお、できあがったテンペが軟らかくなりすぎて、そのままでは使いたくないときは、ペースト状にして調理素材として利用するとよい。

PART 5

甘酒

手近にある調理機器でつくる
甘酒

【甘酒づくりの特徴】
・甘酒には硬造と軟造の二つのタイプがある
・最大のポイントは発酵中の温度管理。55～60℃を維持する
・保存するときは、発酵完了後に加熱処理を行なう

日本古来の栄養ドリンク「甘酒」

甘酒は古くより庶民に親しまれてきた甘い飲み物である。その起源は遠く、古墳時代にさかのぼるともいわれる。

江戸時代の世相を記録した『守貞漫稿』には、東西の甘酒売りについて「京阪は専ら夏夜のみ売之　専ら六文を一碗の價とす　江戸は四時ともに売之一碗八文とす　けだしその扮相（身なり）相似たり」とあり、京都大阪の甘酒屋は夏の夜だけだが、浅草本願寺前の古い甘酒屋は四季を通して売っていると記している。

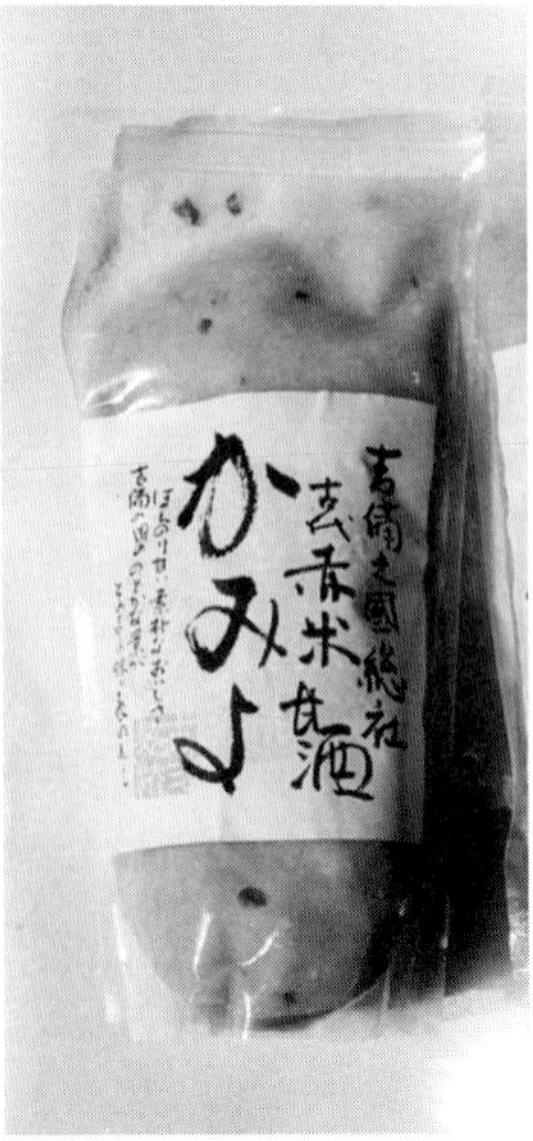

写真１
赤米による本格仕込みの甘酒
（岡山県総社市＝秋山糀店）

現代人にとって甘酒というと冬の寒い時期に飲むものという印象があるが、この時代、滋養豊富な甘酒は夏バテ防止に効くスタミナ源として人気があったという。今日でいえば、栄養ドリンクのようなものであろうか。

甘酒の製造原理

甘酒は飯や粥をこうじ菌の働きによって糖化した、粥状の飲料である。米こうじのデンプン分解酵素によって飯や粥のデンプンが分解され、そのほとんどがぶどう糖に変わるため大変に甘い味となる。名前には「酒」という言葉が入っているが、アルコール発酵はしていないので酒としては扱われていない。

甘酒には硬造《かたづくり》と軟造《やわらかづくり》があり、原料の配合や工程に若干

の違いがあるが、基本的な原理は変わらない。甘酒づくりにおける最も重要なポイントは、糖化中の温度管理である。60℃以上ではデンプン分解酵素の働きが阻害される。一方、50℃以下では糖化に時間がかかるほか、乳酸菌や酵母が繁殖しやすくなり、酸味や異臭の発生など甘酒の品質低下につながる。したがって糖化中は55～60℃を維持しなければならない。

糖化が終了した甘酒は、風味が変化するのを防ぐために加熱処理しておく。これによりこうじの酵素が不活性化されるとともに、乳酸菌や酵母、カビなどの増殖を抑えることができる。保存するときは必ず冷蔵庫などで低温に保つことが大切だ。

飲用時には適当な濃度に薄めて飲む。このとき少量の食塩を加えると甘味が引き立つ。おろし生姜を加えるのもよい。飲用に供されるときの甘酒の糖分は、通常20～23％程度である。

甘酒の原料

●米、米こうじ

米こうじは本書で示した方法で自作してもよいし、購入してもかまわない。できれば甘酒用のこうじを使うのが望ましいが、味噌用に製造した米こうじでも、デンプンの糖化力は強いので、問題なく用いることができる。

米こうじは容易にかたまりが砕け、さばけがよく、米粒全面に菌糸が繁殖し、栗のような芳香のあるものがよい。

●硬造甘酒と軟造甘酒は米の水分が異なる

硬造甘酒は米こうじ1kgに対し、米1kgを1.5ℓで炊いた飯を使う。軟造甘酒は米こうじ1kgに対し、米1kgを水4.0ℓで炊いた硬めの粥を使う。残りご飯を利用することもできるが、その場合は品質の低下していないものを使うこと。

米こうじに加える飯または粥用の米は、もち米でもうるち米でもよい。ただし、もち米を使ったほうが甘味の強い甘酒となる。

加工用具

●手近にある調理機器だけでつくれる

炊飯用具、保温容器（保温機能付きの炊飯器やジャー、保温鍋などでよい）、温度計、計量器具、攪拌用具を用意する。

炊飯用具は、家庭にある炊飯器や鍋を利用すればよい。一度に大量につくるときは別に大きな釜・鍋を用意するか小分けして炊く。糖化中は、保温機能付炊飯器やジャーなどの保温機能を使って55～60℃に保温する。

なお、デンプン分解酵素が最もよく機能するのは55℃であるが、この温度ぴったりに維持するには恒温槽などの専門的な装置を用意する必要がある。

製造工程

製造工程を図1に示す。

●硬造甘酒の場合

①よく洗浄した精白米1kgを炊飯器に入れ、水1.5ℓで2～3時間浸漬する。
②そのまま炊飯する。
③炊飯後、70℃に温度を下げる。
④70℃に下がった飯に米こうじ1kgを入れて混合する。
⑤炊飯ジャーなどの保温容器に入れ、55～60℃で8～10時間、糖化を行なう。ときどき温度をチェックし、50℃以下に下がりそうなら加温または加熱して温度を上げる。
⑥できあがり量は3～3.5kgとなる。
⑦耐熱袋やビンに入れ、70～75℃の湯にしばらく浸けて加熱殺菌する。

写真２　炊飯器による甘酒製造

⑧放冷後は冷蔵庫に入れて保存する。
⑨飲用するときは2倍に希釈する。

●軟造甘酒の場合

①よく洗浄した精白米1kgを炊飯器または鍋に入れ、水4ℓで2～3時間浸漬する。
②そのまま煮て粥にする。
③粥が煮えたら65℃まで冷ます。小さな容器に分けたほうが速く温度を下げることができる。
④65℃に冷ました粥に米こうじ1kgを入れて混合する。
⑤炊飯ジャーなどの保温容器に入れ、55～60℃で12～15時間、糖化を行なう。ときどき温度をチェックし、50℃以

図１　甘酒の製造工程

［原料と仕上がり量］

硬造甘酒　原料：精白米 1kg、水 1.5ℓ、米こうじ 1kg　　仕上がり量：3～3.5kg

軟造甘酒　原料：精白米 1kg、水４ℓ、米こうじ 1kg　　仕上がり量：5.5～6kg

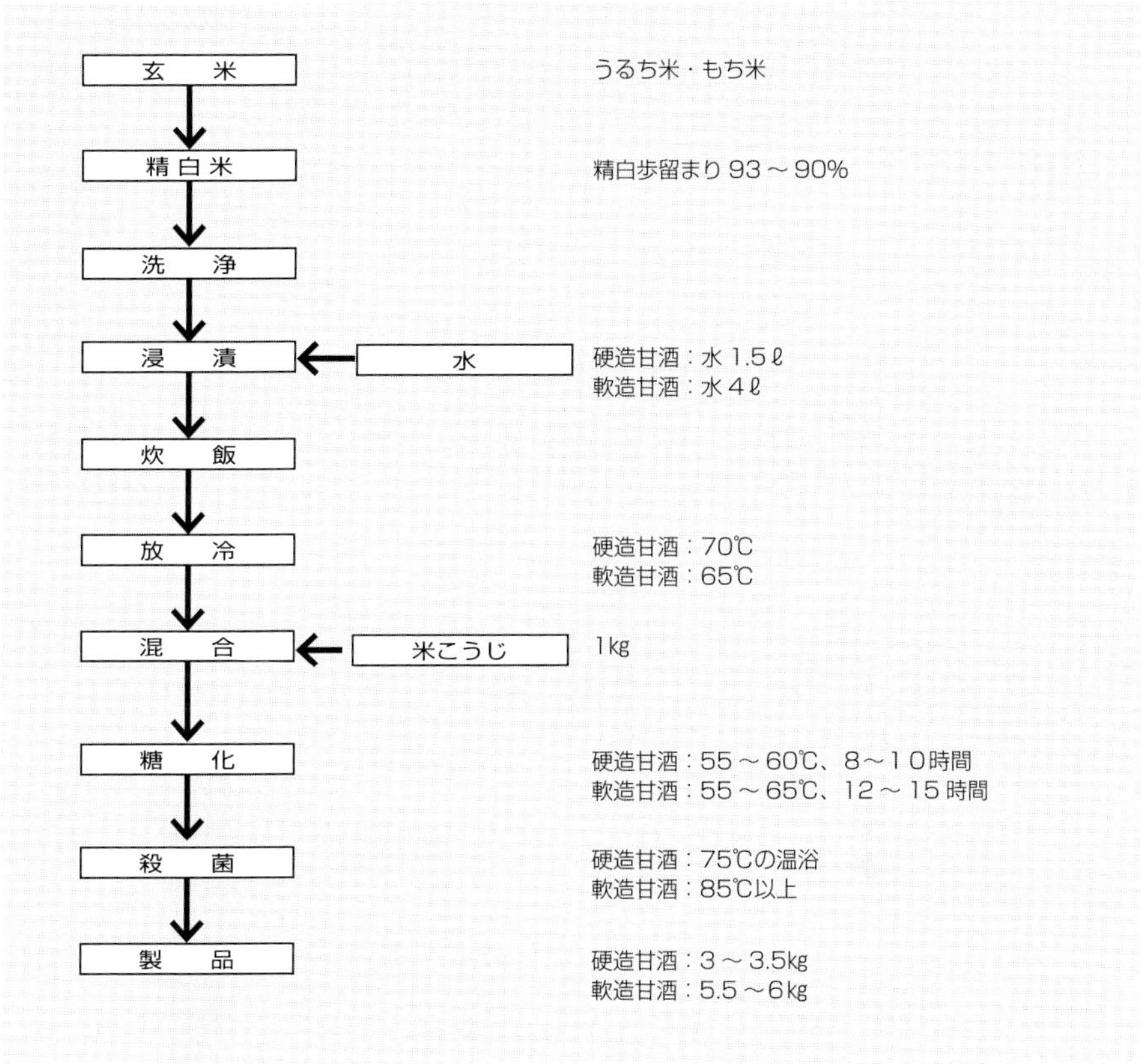

下に下がりそうなら加温または加熱して温度を上げる。

⑥できあがり量は5.5～6kgとなる。

⑦糖化が終了したら鍋に移し、85℃以上に加熱して殺菌処理を行なう。

⑧放冷後は冷蔵庫に入れて保存する。

⑨そのまま飲用可能だが、好みに応じて希釈する。

甘酒 Q&A

Q01 甘酒がぬか臭くなってしまった

A 精白と炊飯前の洗浄でぬかを取り去ることが大切

精白度が低い米を使ったか、炊飯前の米の洗浄が不十分だったことが原因と思われる。甘酒に使う米の精白度は歩留り93～90程度とし、ぬかをできるだけ分離したほうが香味がよい。また米は炊飯前によく洗浄し、ぬかを取り去ることが大切。とくに精白後時間が経過した米は、ぬかが酸化され、異臭を感じることがあるので注意する。

Q02 米の糖化が完了したかどうかを確認する方法は？

A デンプンの有無をヨード法で調べる

ヨード法で判定する。糖化中の米粒を白い小皿の上に置いて指で押し潰し、ヨード・ヨードカリ液を1滴落として観察する。

米粒の色が褐色から青紫に変わった場合は、まだ糖化は完了していない（デンプンが存在する）。青紫に変わらなければ糖化は完了したことになる。

手元に２００～３００倍の顕微鏡があるなら、スライドグラスに米粒をのせて押し潰し、ヨード・ヨードカリ液を1滴落としてカバーグラスをのせて観察すると、より正確な判定ができる。判定に使うヨード・ヨードカリ液は、口腔咽喉塗布剤やうがい薬として薬局で販売されているものでかまわない。

Q03 少しでも速く甘酒をつくりたい。発酵のスピードを上げる方法はあるか

A こうじを増やせば糖化が速く進む

こうじの量を多くすると糖化する速度は速くなる。ただし、こうじを増やせば増やしただけ、こうじのにおいも強くなってしまう。

こうじのにおいが嫌なときは通常のつくり方をしたほうがよい。通常のつくり方で少しでも糖化速度を上げたいなら、恒温器を使い、55℃をキープすることである。

Q 04 甘酒の味がくどい感じがする

A アミノ酸が多いと、くどい味になる

こうじのタンパク分解酵素が働きすぎるとアミノ酸が多くなり、風味がくどくなる。

一般に味噌用こうじにはタンパク分解酵素が多く、甘酒用こうじには少ない。くどくない甘酒をつくりたいなら、タンパク分解酵素の少ない甘酒用こうじを使うとよい。

Q 05 胞子が着生したこうじを使ったところ甘酒が黄色くなった

A 胞子が出ていないこうじを使う

こうじの胞子は黄色がかった色をしているため、胞子が着生したこうじで甘酒をつくると、多少黄味を帯びた色になる。

胞子自体はとくに害はないが、甘酒の着色を避けたければ胞子が着生する前のこうじを使用すればよい。

Q 06 味噌用のこうじを使ったためか、甘酒の黄色が強くなった

A 甘酒用こうじを使えば白くなる

味噌用のこうじには糖化酵素とタンパク分解酵素が強いこうじ菌が選抜されており、甘酒用のこうじには糖化酵素が強く、甘酒の色が白くなるようなこうじ菌が選抜されている。

甘酒の色を白くしたいのであれば、甘酒用のこうじを使ったほうがよい。

Q 07 共同加工でつくったこうじを使って甘酒をつくったところ、酸味が強い仕上がりになった

A 酸を出す微生物がこうじに入り込んだ

こうじに乳酸菌などの酸をつくる微生物が多く含まれていたと思われる。共同加工でこうじつくりをすると、必要以上に多くの人が作業にかかわることがある。人間の手には、細菌やカビなどの雑多な微生物が付着しており、ちょっと手を洗った程度では完全に洗い流すことはできない。こうじづくりに係わる人数が多ければ多いほど、微生物がこうじに混入する確率は高くなる。

甘酒は微生物の栄養源となる糖類が豊富なため、雑多な

微生物が増殖し、代謝産物として酸類が生成され、甘酒の酸味が強くなったと考えられる。

　こうじづくりはできるだけ少ない人数で行ない、作業者は作業前に必ず手を洗浄・消毒する、使用する道具類もきちんと洗浄された清潔なものを使う、といった基本的な衛生管理を怠らないことが大切である。

Q 08 甘酒の表面が褐色に変色してきた

A ラップなどで空気を遮断するとよい

　こうじに含まれるポリフェノールを酸化する酵素が空気に触れて活性化し、甘酒の表面が褐色に変化したものと思われる。

　甘酒の表面が空気に触れないようにラップをかけて、空気を遮断すれば防ぐことができる。

Q 09 完成直後は甘かったのに、翌日に味見すると酸っぱくなっていた

A 乳酸発酵が原因。加熱処理すれば防げる

　乳酸菌が繁殖し、甘酒中の糖分を栄養源として乳酸を生成したことが原因。

　甘酒の発酵完了後、硬造は70～75℃、軟造は85℃まで加熱して殺菌処理を行なえば、このような微生物による品質変化を抑えることができる。

　すぐに飲みきらないときは、加熱処理後、冷まして冷蔵庫で保存する。

Q 10 甘酒を1～2日保存していたら、表面が泡立ち、「シュワシュワ」と音がする

A 酵母によるアルコール発酵が原因

　甘酒の中に酵母が入り込み、増殖してアルコール発酵をしているものと思われる。酵母は糖を分解してアルコールと二酸化炭素を発生するため、シュワシュワと小さい泡が出てくる。アルコール分が生成しているので子どもや車の運転をする人には飲ませないこと。

　前のQと同様に、甘酒が完成した直後に加熱処理を行なっていれば、酵母菌の繁殖を防ぐことができる。

著者紹介

小清水正美（こしみず　まさみ）

1949 年神奈川県生まれ。明治大学農学部農芸化学科卒業。
1971 年に神奈川県職員となり、神奈川県農業総合研究所経営研究部流通技術科で、農産物の流通技術・利用加工に関する試験研究を担当。
1999 年から環境農政部農業振興課農業専門技術担当（専門項目:農産物利用および食品加工）となる。2009 年退職。
著書に『おいしい大豆の本』（カワイ出版）、『おいしいジャムの本』（カワイ出版）、『食品加工シリーズ⑧　ジャム』（農文協）、『つくってあそぼう 8　ジャムの絵本』（農文協）、『つくってあそぼう 33　梅干しの絵本』（農文協）がある。

こまった、教えて　農産加工便利帳①
こうじ、味噌、納豆、テンペ、甘酒

2011年9月30日　第1刷発行

著者　小清水　正美

発行所　社団法人 農山漁村文化協会
〒107-8668　東京都港区赤坂7丁目6－1
電話　03（3585）1141（営業）　03（3585）1147（編集）
FAX　03（3585）3668　振替　00120-3-144478
URL　http://www.ruralnet.or.jp/

ISBN　978-4-540-11245-4
〈検印廃止〉

Printed in Japan
DTP制作／條　克己　印刷・製本／凸版印刷㈱
定価はカバーに表示